天津市教委科研计划项目成果+项目批准号2018SK111+

《当代消费文化语境下天津老建筑空间更新设计研究》

王星航

——

著

建筑空间体验设计

中央民族大学出版社

China Minzu University Press

图书在版编目（CIP）数据

建筑空间体验设计／王星航著．－－北京：中央民族大学出版社，
2020.5（2023.3重印）
ISBN 978-7-5660-1763-5

I.① 建…　II.① 王…　III.① 建筑空间－建筑设计　IV.① TU2

中国版本图书馆 CIP 数据核字（2019）第 250594 号

建筑空间体验设计

著　　者　王星航
责任编辑　杨爱新
责任校对　肖俊俊
封面设计　舒刚卫
插　　图　王星航
出版发行　中央民族大学出版社
　　　　　北京市海淀区中关村南大街 27 号　　邮编：100081
　　　　　电话：（010）68472815（发行部）　传真：（010）68933757（发行部）
　　　　　　　　（010）68932218（总编室）　　　　（010）68932447（办公室）
经 销 者　全国各地新华书店
印 刷 厂　北京鑫宇图源印刷科技有限公司
开　　本　787×1092　1/16　印张：19
字　　数　142 千字
版　　次　2020 年 5 月第 1 版　2023 年 3 月第 3 次印刷
书　　号　ISBN 978-7-5660-1763-5
定　　价　58.00 元

前　言

　　建筑空间体验设计与传统的建筑空间设计存在差别。本书全面系统地论述建筑空间体验设计，以建筑空间与功能设计为基础，将人的五感体验引入到空间中来，循序渐进地论述空间体验的原理及设计方法。第一部分论述了在当代体验经济影响下的建筑空间多元化特征。在当代体验经济影响下，使用者需要通过体验获得商品除物质以外的心理和精神价值，强调商品的体验特征。作为特殊商品的建筑空间，势必从传统几何建筑空间向体验建筑空间转变，通过空间形式满足使用者的体验需求。第二部分论述了建筑空间的主体要素——使用者对建筑空间体验设计的影响。通过人的五感，将建筑空间体验设计提升到新的意境。第三部分论述了建筑空间的客体要素——建筑造型、材料、色彩、自然要素、空间组织等对建筑空间体验设计的影响，不同的空间形式语言适用于不同的设计手法、满足不同的使用需求、获得不同的空间体验感受。

本书通过对建筑体验设计的详细探讨和设计实例的图文论证，重在培养和提升使用者的创意思维和设计理念，适用于建筑与环艺设计专业学生、研究生、设计单位设计师、进修生及设计爱好者。可作为相关高校开设"建筑设计原理"或"建筑设计"等课程的建筑设计入门指导用书。

建筑空间
体验设计

| 目　录 >>>>

第三章 > > > >

建筑空间
形式体验

3

第四章 ＞ ＞ ＞ ＞

运用自然要素的
建筑空间体验设计

5

第五章 > > > >
**建筑体验的
空间关系**

第六章　＞＞＞＞

**基于体验的
课程实践**

第一章 >>>>

从几何建筑空间到
体验建筑空间

一、什么是体验

体验，德文原作"Erlebenis"，源于"Prebent"，本义为经验、经历、经受等；英文一般译作"Experience"，意思为经验、感受①。不同的哲学家对体验持有不同的观点，叔本华把体验的意义视为对生命的彻底弃绝；尼采把体验的意义归结为对生命的最高占有；狄尔泰把体验看作生命意义的瞬间生成，在这一瞬间包含着时间的三维特性——过去、现在和未来相互生成。在艺术上，狄尔泰则把艺术中那令人沉醉痴迷、心神震撼的感觉称为"体验"，主张艺术的本体是个人的亲身"体验"。

追求体验是人的本能，真实地去感受世界上每一种美好的客观存在，总会让人感到欣喜，如触景生情而吟唱出"月落乌啼霜满天，江枫渔火对愁眠""采菊东篱下，悠然见南山""会当凌绝顶，一览众山

---

① 王一川.意义的瞬间生成——西方体验美学的超越性结构[M].济南：山东文艺出版社，1988.

小""大漠孤烟直，长河落日圆"……的诗句一般，真情实感皆是通过外部空间环境的刺激在人的内部心理所产生的反应，并且创造出的感想是令人难忘的经验，这就是体验。简言之，体验就是"以身体之，以心验之"①。

体验是一种令人心满意足的过程。当人们回到儿时长大的场所时，也许会发现迫切盼望见到的、伴你一起长大的木杉树没有了，花香四溢的桂花树也没有了，老屋随着巷区的发展也消失了。此时人们会有些许失落感，然而当人们看到人行道旁典型的老铺面时，小时候曾经在那里玩耍的情形重新浮现，突然间产生一种回家的强烈感受。也就是说，当现实无法满足时，人必须为自己添加些东西，以更大范畴的存在意义满足认同感。人们在自然环境的基础上，通过对环境的感知与生活体验，增加了属于他们自己的人为世界。由此可见，体验与人们的生活经验是分不开的，它往往建立在人们对环境的真切感知与生活体验上，表现在人们对某一空间的记忆中，或者曾经发生的文化事件，或者与生活情节

---

① 陆邵明.建筑体验——空间中的情节[M].北京：中国建筑工业出版社，2007.

的关联中。这样体验到的东西使人们感到真实，并在大脑记忆中留下深刻印象，使人们可以随时回想起曾经亲身感受过的生命历程。

这种面对现场的体验，能有效地激发人对色彩、声音、气味、记忆、温度、湿度、气流、手感、情感反射等伴随五官感觉的体验，激起人的共鸣。这种真情实感不是依靠清晰的图像就能得到的。面对一幅画，我们只能想象出情境感。因而，亲身体验比观赏静物或画作更重要，只有在真实的场所中感受发生的行为和事件，才能得到身与心的共鸣，"获得人与场所之间的关联，在体验中获得灵感，在心理描绘中建立了自己的一种场所感，一种飞腾的想象与回忆，一种意义的升华，一种美学满意"① 。

二、从几何建筑空间到体验建筑空间

建筑从诞生时期起就是一种空间，这是不同于绘画与雕塑的重要

---

① 陆邵明.建筑体验——空间中的情节[M].北京：中国建筑工业出版社，2007.

特征。建筑史学家 S·吉迪恩在其所著的《空间·时间·建筑》一书中，把空间问题作为现代建筑发展的中心问题；格罗皮乌斯说："建筑，意味着把握空间"[①]；勒·柯布西耶说："建筑是居住的机器"[②]；老子说："埏埴以为器，当其无，有器之用，凿户牖以为室，当其无，有室之用，故有之以为利，无之以为用"[③] …… 这些见解，其用意都是强调对建筑而言，人们要用的不是别的，而是它的空间。建筑的本质是空间，对空间的研究是建筑学的基本问题。

将"空间"（space）作为一个独立概念并进行研究，首先发端于哲学。在哲学中，"空间"是具体事物的组成部分，是运动的表现形式，是人们从具体事物中分解和抽象出来的认识对象，是绝对抽象事物和相对抽象事物、元本体和元实体组成的对立统一体，是存在于世界大集体

---

① 黎英杰.人与建筑的互为表述[J].南方建筑，2001（4）.

② 【法】勒·柯布西耶.走向新建筑[M].陈志华，译.西安：陕西师范大学出版社，2004.

③ 【春秋】老聃.老子[M].梁海明，译注.太原：山西古籍出版社，1990.

之中的、不可被人感到但可被人知道的普通个体成员。①

　　随着哲学上空间观念的形成，空间概念在其他学科中也得到确立。物理学方面的空间理论，如笛卡尔以三维直角坐标系为背景，认为物质只是广延性的东西②；他认为："物质或物质的本质并不在于它是有软硬的、有重量的或有颜色的，它们的本质并不在于就是某种具有长、宽、高三种度量的实体。"③ 牛顿以经典力学的物理空间概念为基础，提出绝对空间的概念，认为绝对空间其自身性与一切外在事物无关，它处处均匀，永不迁移。④ 爱因斯坦提出物质与运动、空间与时间的统一性概念。⑤ 继而，艺术学的空间概念形成：在西方，黑格尔在其著作《艺术哲学》中使用了"空间"这个术语；19世纪末，在德国建筑领域，空

————————

　　① 《马克思主义基本原理概论》编写组.马克思主义基本原理概论[M].北京：高等教育出版社，2013.

　　② 【英】安东尼·肯尼.牛津西方哲学史[M].韩东晖，译.北京：中国人民大学出版社，2006.

　　③ 【美】梯利.西方哲学史[M].葛力，译.北京：商务印书馆，2005.

　　④ 【英】牛顿.自然哲学之数学原理[M].王克迪，译.北京：北京大学出版社，2006.

　　⑤ 【美】爱因斯坦.狭义与广义相对论浅说[M].杨润殷，译.北京：北京大学出版社，2006.

间作为一个相对独立又有明确含义的建筑术语出现。在我国，老子提出"当其无有室之用"，这是中国最早的关于空间的论述。至此，建筑空间从更广泛的空间概念中被抽象出来，成为建筑学领域的一项首要工作，建筑师和建筑理论家们不断探索和研究新的建筑空间概念，赋予其更多的意义。20世纪以来，心理学开始研究"人"的空间问题。为建筑空间概念从几何性、功能性向体验性转变奠定了理论基础。

早期的现代主义建筑空间，是从笛卡尔的三维直角坐标系理论和牛顿的经典力学物理空间概念中衍生出来的，是以长、宽、高三维欧几里得几何学来理解和设计，把建筑空间看成通过设计、建造，从物理空间中分割出来的一部分，本质上与物理空间一致。如布鲁诺·赛维所说："所谓建筑就是人或是进入其中，或在其周围活动的巨大空洞的结构物。"[①] 证明此时的空间是将行为空间和欧几里得空间结合的产物，是理性统治下的纯粹、简洁之美学。其倡导的"形式服从于功能""房屋

---

① 【挪威】诺伯特·舒尔茨.存在·空间·建筑[M].尹培桐，译.北京：中国建筑工业出版社，1990.

是居住的机器""少即是多"等设计思想，把建筑视为一种可以完全用逻辑来解释的物质世界，把人的行为看成一种机械行为，把建筑空间看成欧几里得几何空间的机械组合，使得建筑物沦为大规模机械复制的工业化产品。这意味着不管是早晚，还是春夏秋冬，空间气氛是没有变化的，空间在个性或特征上非常贫乏。在建筑实践中，密斯的模数空间和中性流动空间、赖特内外结合的空间、勒·柯布西耶的柱支撑结构形成的开放空间等，都建立在效率的基础上，注重实用要求，充分发挥新技术和新材料的性能，形成造型整齐简洁、构图灵活多样的风格，具有极强的功能性。反装饰、求简洁，认为美即功能，以技术代替艺术，把使用者抽象为生理或物理上的人，忽视了不同地域、不同文化中的人不同的精神及审美要求，忽视了人文关怀。

随着人们对建筑空间概念研究的深入，物理性的三维立体几何空间描述无法对建筑空间作出终极解释。几何学具有抽象性，建筑空间虽具有几何学特征，但并不等于数学空间，故这种物理性的描述作为一种定量化的抽象，只是空间的一部分属性。如胡塞尔分析欧洲科学危机时说："这个世界，抽象掉了作为过着人的生活的人的主体，抽象掉了一切精神的东西，一切在人的实践中物质所具有的文化特性，建筑成了住人的机器，而人退化为持存物，在此人们失去了他们的生活世界。"①

当代社会生活的日趋丰富和审美的逐渐多元，使人类的个性进一步张扬，对精神世界有了更多追求，人类开始尝试以更多的新思维去审视建筑、分析建筑和营造建筑，使建筑开始走向多元化。从以心理学为基础研究人的空间问题开始，人们意识到人与建筑空间的真正意义，并以知觉心理学作为基础展开研究，进而发展到心理学、社会学、现象学等层面，更多地从空间的体验者——人的行动、感知和情感等知觉需求出发对空间进行探索。如诺伯特·舒尔茨提出要把握空间中最真实的本质——人化的自然，诗意的栖居。② 这里的栖居并非传统意义上的庇护所，而是通过人们的意识和行为在参与过程中获得有意义的空间感

① 【德】胡塞尔.欧洲科学的危机与超验现象学[M].张庆熊，译.上海：上海译文出版社，1988.

② 【挪威】诺伯特·舒尔茨.场所精神——迈向建筑现象学[M].施植明，译.台北：尚林出版社，1984.

受。因此对空间的研究不仅仅是静态的独立的空间片段，更是连续性的空间认知。也就是说，当前需要的建筑空间，是几何化的空间本身与人的空间体验的有机统一。带有体验性的空间，形式会改变，但是它蕴含的精神气氛是不会丧失的。

在当代建筑设计理论中，如雷姆·库哈斯的"极端空间"、屈米的"事件空间"、皮亚杰的"知觉空间"、荣格的"心理空间"、海德格尔的"意蕴空间"、斯蒂文·霍尔的"多孔渗透式空间"等，都提倡需要全身心通过各种感知系统来形成令人印象深刻的体验。人对建筑的亲身感受和具体体验应是建筑师设计的源泉。

如雷姆·库哈斯在设计中考虑人们的欲求，而非清教徒式无欲无求的空间。他尊重每个人的欲求，认为人就是不完美的，建筑也可以不完美。如他设计的波尔多住宅，充分考虑了使用者的需求。波尔多住宅是为一对老年夫妇设计的，这对夫妇中的丈夫出过一次严重车祸，在那之后他只能在轮椅上生活。住宅二层空间设计了三种看起来较为随意的不规则圆形窗口，但它们实际上是经过精确计算的：凹洞根据人们在室内行走的路线确定，即使用者在二层任何位置行走，都可以从他们的正前方看到室外的景致，而开窗的高度分别由成年人、儿童和坐在轮椅上的人的视线高度确定；相对凹洞根据室内家具位置确定，即使用者坐在书桌前、躺在床上甚至浴缸中，都可以通过向下的圆窗看到室外地面的景致；显现凹洞与此类似，只是开窗方向水平，使用者透过窗户可以俯瞰远处的城市景色。三类不同高度、不同方向的圆窗最终形成了二层立面。另外，在住宅中专为丈夫设计了一个3米×3.5米的升降平台，借此联通室内各层，使男主人可以到达住宅中的任何位置。而升降平台四周放置了供这位男主人使用的几乎所有物品，体现了细致、人性化的设计风格。

再如斯蒂文·霍尔设计的MIT学生公寓，将"渗透性"与"多孔性"作为公寓的设计主题。这座10层高的宿舍楼几乎被0.6米见方的窗户矩阵完全包裹起来，形成一种由外表面承重的外骨架结构。建筑虽受基地限制从外形上看比较单一，但它的室内空间却丰富多样，有单人间、公寓单元和多种户型以供不同人群选择。多孔性成为漏斗状（funnel）空间的灵感来源，这些空间分担了走廊所承受的荷载，并提供了集体学习和休息的场所，同时也使走廊充满趣味。站在入口处会看见建筑东南角开着古怪孔洞的雨篷，多孔性主题无论是从概念上还是表象上都得到了真正的体现。

G·尼奇凯在《生活空间的解剖学》一文中，把被体验的空间同欧几里得空间加以对比，对具体空间提出以下定义："这个空间有个中心，就是知觉它的人，因此在这个空间里具有随人体活动而变化的方向体系。这个空间绝不是中性的，而是具有界限。换句话说，它是有限、非均质、被主观知觉所决定的。"①

建筑空间设计是艺术设计，它不能脱离人的生活。建筑在人类活动中不仅是必要的物质空间载体，还提供精神体验。早期的现代主义建筑以欧几里得几何学为基础，几何空间剥离开思想、人本身，自然存在，追求符合社会化大工业生产的功能空间，逐渐演变为以知觉心理学

---

① 转引自【挪威】诺伯特·舒尔茨.存在·空间·建筑[M].尹培桐，译.北京：中国建筑工业出版社，1990.

为基础的体验空间，这种空间是属于人的建筑空间，不管如何依照理性建造，它不仅仅是客观存在的空间，也是具备深刻体验内涵的空间。这种设计意识的转变是符合当今人的生活需求的。正如建筑师斯蒂文·霍尔在其作品集《相互交流》之中提到，"建筑可以塑造一个有生命的、可以被感知的、适宜交流的空间，它可以改变我们生活的方式"，"依据形态、空间和光的组合，通过特殊的场地、项目和建筑之中浮现的多种多样的现象，建筑能够增进对于日常生活的体验"[①]。

三、当代体验经济影响下的建筑空间体验设计多元化特征

随着人均收入的提高，恩格尔系数[②]降低，休闲娱乐需求增长，体验经济时代到来。人类经济生活发展包括四个阶段：农业经济、工

---

① Steven Holl. *Intertwining Steven Holl Selected Projects 1989—1995*[M]. New rork: Princeten Archictectural Press, 1998.

② 恩格尔系数（Engel's Coefficient）是食品支出总额占个人消费支出总额的比重。

业经济、服务经济和体验经济①。体验经济是从服务经济中分离出来的，它是继产品经济、商品经济、服务经济后的第四个经济阶段。在体验经济时期之前，体验属于少数群体的特定行为模式。当前社会以发达的服务经济为基础，并紧跟"计算机信息"时代，技术及生产效率提高，人在完成了维持和延续生命的主要使命之后，尚有剩余的精力，需要通过精神体验获得物质以外的享受。越来越多的商品消费体现出"体验"的过程：原本单一的、满足基本物质需求的"购买行为"变成多元的、满足精神和物质生活双重需求的"体验行为"。当代体验经济影响下的使用者，更需要的是"心满意足"，而不是"酒足饭饱"。诚然，在享受这种体验的过程中，会额外付出比仅仅购买相同产品更多的金钱，但消费者依然会觉得物超所值，趋之若鹜。

随着经济全球化与信息时代的发展，体验的范畴也在逐渐扩大。体验已经不单纯指对商品的消费体验，而是向充满审美和文化意义的消费过渡：直白的文字、内容、意义被极具趣味和深意的图像、符号、形

① 【美】托夫勒.未来的冲击[M].孟广均，等译.北京：中国对外翻译出版公司，1985.

象取代；理性的原料、技术、设备被富有情感色彩的品牌、设计、创意所超越。如中国的烹饪，不仅技术精湛，讲究菜肴的色、香、味、形、器协调一致的美感，而且对它们的命名、品味方式、进餐时的节奏、娱乐的穿插等品味情趣都有一定的要求。由此可以看出，饮食原本是生理层面的一种本能需要，原始人对食物的需求仅仅是填饱肚子，随着社会的发展，饮食逐渐发展成为一种精神文化，饮食文化中包含着人与人、人与文化之间的交流和沟通。

建筑作为一种以使用功能为核心价值的艺术形式，也逐渐成为一种被消费的特殊商品。远古时期原始人的建筑如穴居、巢居等形态仅为寻求基本的庇护之所，到近现代建筑个性化的"栖居"成为人的情感体验媒介，建筑空间的存在满足了人们某种实际的需要，这种基于功能性的需要可以是物质的，也可以是精神的。正如马斯洛的"需求理论"指出的，人总是先追求满足温饱需求，再谈价值需求。建筑亦然，受到当代体验经济的影响，使用者不仅看建筑空间够不够用，还讲究建筑空间的品质和环境。通过空间建构，在满足空间功能需求的基础上，将建筑空间呈现给使用者的整体印象以及使用者在各种建筑空间中行走的全部经历，最终反馈给使用者，经过使用者大脑的重新整理，唤起他的情感联想，进而获得人的精神与建筑空间融合的触动，体现他对于生活的理解与追求。建筑空间体现了体验的特点，并通过空间体验获得对建筑的"消费"。如日本东京都星巴克目黑概念店，将日本的传统建筑文化符号应用到空间设计中，挂画突显了庭院和建筑特色，内部陈列着许多手工艺品，就餐处应用了日本茶室元素，让这家咖啡店看起来更像是一间茶馆，这种设计迎合了当地人的消费心理，吸引人进入建筑内部，自然而然地将普通的"售卖咖啡豆"的行为转化为顾客的店内消费，通过为使用者创造出一个温馨舒适可靠的存在，尽可能地将人留在店内，并最大限度地贴合人的情感体验。

当体验成为商品消费的主导，商品需要精致的包装，以"取悦"消费者；建筑空间体验是通过使用者在空间中的行为活动而被感知和认识到的，空间的形式决定了空间体验程度。建筑空间只有具有吸引使用者的外在特征，才能得到使用者的认可，才能提高使用者参与建筑各个空间的积极性，通过空间的有形实体寄托使用者的情感和精神，建筑空间才能被使用者"消费"，才能成为使用者体验的对象。如朗香教堂的室内空间设计，混凝土材料呈现的粗糙肌理、厚重墙体上不规则的窗洞和照射进来的自然光形成的光影，通过空间营造，让身处其中的人们更能感受到神秘的宗教氛围。正如朗香教堂的设计者勒·柯布西耶所说，建筑的本质是一种情感现象，建筑中的情感让人感动。

　　不同时代的人对空间的要求不同。传统建筑空间观念建立在笛卡尔直角坐标体系的基础上，不同空间之间以有形的隔断明确划分开来，空间功能单一、连续性差，为人提供的是特定的栖息场所，使用者在建筑中按照设定的线路活动，人的情感联系建立在人与人互动的基础上。传统建筑空间以单一化、几何形、封闭性为特征，空间本身很难使使用者产生丰富的体验感。这种功能单一的空间形式已无法满足当今社会越来越复杂的需求，当新的经济形态出现，不断塑造着新的生活方式，社会生活的形式与内容日益丰富，人对生活提出越来越多的要求，建筑空间作为体现生活需求的载体之一，其空间功能日趋复杂、空间形式也必然随之发生改变。以体验为核心的建筑空间观念随着时代的进步和人类社会的发展而呈现出新特点。

1. 从单一化到复合化

传统建筑空间是单一化的空间，不同空间之间普遍以有形的隔断明确划分开来，使用者在建筑中按照设定的线路活动。现代社会中人们需要广泛交往，主张开放，封闭的空间不适合他们的心理状态；因而在体验空间中，多种不同行为的交替和重叠形成了一系列多变而非特定的复合活动方式，这就使得同一建筑空间里同时存在多种功能、容纳多个空间、发生多种行为，空间的界限不断模糊，甚至不存在边界，使用者从中经历不同的空间体验。如斯图加特保时捷汽车博物馆的内部设计，是一个无分割的、变化丰富的整体空间：除了多种形式的展示外，该空间通过平台、坡道和局部台阶等楼板标高的微高差处理，创造了多处供观众停留、休息、交流的场所，更有师生利用这些台阶、斜坡等微高差形成的"小型阶梯教室"进行互动讲授与学习。

2. 从平面化到立体化

传统建筑空间的组织方式局限于水平空间分层，垂直向度上仅依赖于楼梯、电梯的单调封闭连接，从而造成上下楼层的分裂。在体验空间中，通过错综复杂的空间联系，将垂直方向的多个空间贯穿起来，如通高或错层，形成垂直方向上的整体，达到高度上的空间连续；并在不同的水平标高，呈现不同的视线关系。空间从序列化、平面化向多维化、立体化转变，展示出复杂混沌、丰富多维的空间形态。如慕尼黑的宝马汽车博物馆的设计，以若干楔形的体块来限定空间，并通过不同标高的天桥横亘相连，观众在天桥上穿梭，可以从各个角度观赏真实比例的汽车模型。

3. 从同化到异化

传统建筑空间遵照空间初始设定功能进行设计，而在体验空间中，原有空间格局已不能适应人们不断提高的生活需要，必须改变原有部分空间初始用途，使其具有不同于原型空间设定功能的某些新的属性，从而使空间和日常生活之间由失衡状态走向新的平衡状态。如位于日本东京六本木商业综合体中的森美术馆，把艺术活动附加于商业建筑中，满足了当代社会人对空间使用的多重需要。

4. 从静态化到动态化

传统建筑空间是几何学空间，建筑空间以静态的方式存在。而在体验空间中，人是建筑空间的使用主体，空间成了人在时空中经历不同视点的直觉感知经验而产生的连续性图像空间。简言之，空间在人的运动中得到体验，这就使得万神庙式的静态空间瓦解，人与空间的关系转化为建筑空间随人的运动、时间的变化而变化。如西扎设计的迦利逊当代美术中心，观众主要参观流线以一种曲折的线性方式展开，利用长廊、坡道等形成了一条感知线，将不间断的空间经验连接起来，使观众依次穿过抬高地面的半开入口平台、狭促的过厅、开敞的接待厅、两层通高的三角形中庭、长廊和"U"形的临时展厅等，通过对采光方式、平面构成以及空间连接关系充分而独到的处理，加强了空间的连续性，而且创造出空间性质的细微差异。

5. 从封闭化到自然化

欧洲工业革命以来，建筑逐渐淡化了对大自然的亲近感，建筑把人们封闭在钢筋水泥的世界里。随着社会的进步和发展，人们逐渐认识到建筑应与自然共生。在手法上，通过顺应自然环境、引用自然元素、隐喻自然意境等，将空间与自然有机融合，实现人、建筑、自然的交流与融合，赋予建筑以生命力。如位于北京通州的林建筑，以柱子为中心并伸出四条悬臂梁的树状结构单元，重复组合形成整体空间结构，并在其遮蔽之下形成建筑内部空间，当光线从顶面洒下来时，创造出动人的气氛，如同一个可以停留、也可漫游的自由而惬意的林下空间。再如崔恺设计的杭帮菜博物馆，依据自然地形和景观对建筑体量进行分散处理，使建筑的主立面顺应山体走势，建筑的整体布局与自然环境有机地结合，让观众的活动真正地与自然环境产生互动。

6. 功能的模糊和消解

传统意义的建筑空间，不同空间有不同的明确的功能设置，除门厅、过厅等公共空间外，同一空间往往只服务于单一功能。然而，建筑空间功能的界定越明确，就越不能适应快节奏社会在不同时间内兼具不同功能的要求，因而现代空间设计需要对特定功能属性进行模糊和消解，使得同一建筑空间同时具有多种功能、容纳多个空间、可以发生多种行为，空间的界限不断模糊甚至消失。在此种空间中，不同行为共同发生，营造出轻松、活跃的氛围，空间的整体体验感和场所感被强化，使用者可从中经历不同的空间体验。如西雅图公共图书馆通过设置五个平台容纳图书馆的五个功能分区，不同平台之间使用楼梯连接，这部分区域形成不确定功能空间，可根据人的需要及活动内容的不同而改变使用方式，或用于工作，或用于交流，或用于游戏，等等，通过提供行为的多种可能性，满足不同人的使用需求。

7. 从国际化到地方化

世界多元化发展的趋势和文化融合令建筑越来越呈现国际化的面貌，而在体验空间中，建筑空间不但要吸收优良的外来建造理念，也要保护自己的传统文化特征，使历史文明的延续得以在建筑中体现。如王澍设计的宁波博物馆，循环利用废旧砖瓦作为外墙材料，同时将当地的工匠技艺"瓦爿法"应用在外墙建构中，用传统材料和工艺创造现代建筑空间，让建筑本身有了"新陈代谢、新旧交错"的生命，给人一种旧时代江浙水乡民居的隐喻和暗示，引发观者内心共鸣。

8. 同一化到个性化

传统意义上的建筑美学追求比例尺度的协调、体量体积的均衡、材料和质感的对比等。在建筑表达上的社会化大生产也导致建筑形象的同一化。为了解决这一问题，人们开始追求丰富的建筑空间，使建筑有了生命与个性化特征。如特拉维夫艺术博物馆的设计，运用精细的扭曲几何表面（双曲线抛物面）形成折线形体量关系，26.52米高的室内中庭呈螺旋状上升，灵活的空间和奇妙的动线给人以独特的视觉与心理感受。

9. 科技化

传统建筑设计强调材料、结构、功能的设计，而在体验建筑中，先进的科学技术融入建筑，将高科技和高情感体验结合，人作为主体被体现于设计之中，给建筑设计带来了更加现代化的方式，让建筑更加具有科技感与可控性，增强了设计的个性化特征。如丹麦哥本哈根科学实验馆的设计，其前身为Tuborg啤酒厂的装瓶厂，新建筑的外形如同堆在一起的盒子，表面覆有图案化穿孔铝板，不仅具有极好的遮阳效果，控制了建筑室内热量，而且也可作为敞开式外循环体系通风幕墙使用，比起传统幕墙更具节能性。表面覆以铜板的螺旋楼梯连通四层空间，给人以新奇的感受。这座100米长的楼梯由160吨钢制成，其表面覆盖的铜板重达10吨。从立面上流淌变化的图像到主入口处闪亮壮观的螺旋楼梯，无不体现了现代科学技术的力量，为游客带来了非凡的体验。

10. 结构变革

在传统建筑中，结构是实现空间设想的技术手段，建筑与结构两者分工而疏离。而在体验建筑中，结构不但是空间建造的技术支持，同时也是参与空间形态塑造和空间情感表达的有效方式。如赫尔佐格与德梅隆设计的鸟巢体育馆，是由钢丝编织成的巨型网状结构，从外面看犹如无数根树枝编织成的鸟巢。他们在设计思想里引入了东方传统工艺文化中的镂空手法，并与现代最先进的钢结构工艺融合，形成了一个完美的镂空雕塑品，赋予体育场无与伦比的震撼力及不可思议的戏剧性。再如雷姆·库哈斯设计的法国国家图书馆竞赛方案（1989）巨大的"升降大厅"（the Great Hall of Ascension）中悬浮着的各种体量，西雅图公共图书馆中错动的平台，我们都能看到建筑空间的突破伴随着特定的结构支撑。在此，结构已经不仅仅具有建构作用，而成为富有创造性的特色空间的营造手段。

11. 追求天然材料

社会的不断发展让人们的环保意识也不断提高，人们更加重视生活的品质，在建筑设计中对天然材料的追求就体现了人们对返璞归真生活的憧憬。更贴近自然的木建筑、竹建筑、石建筑成为潮流。

四、建筑空间体验的主体和客体

空间是由一个物体与感觉它的人之间产生互相关系而形成的。[①] 意

---

① 【日】芦原义信.外部空间设计[M].尹培桐，译.北京：中国建筑工业出版社，1985.

大利建筑理论家布鲁诺·赛维认为,人赋予了空间以完全的实在性。[①]
建筑空间是人类生活方式的载体,人是建筑空间体验的主体,空间及其
内在关联关系是建筑空间体验的客体。

从传统的建筑空间到当今的体验建筑空间,人在空间中的存在性由
"被动"向"主动"转变,只有通过人的行为活动,感知建筑空间中各种
组成要素的特征,对建筑及外部环境进行感知与认识,方使得空间具有
意义和特征。同时,在体验空间中,人用身体的全部感知来体验建筑,
除了我们熟知的五大感官(视觉、听觉、嗅觉、味觉、触觉)外,还有
更多的感觉系统在发挥着作用,例如:温度感、湿度感、亮度辐射感、
平衡感、空间方向感、时间感、高度恐惧感、大小尺度感、重力感、震
动感、速度感、疼痛感等,知觉的多样性有助于摆脱表达的单一性。

在建筑空间体验客体中,空间的肌理、材料、声音、形状、照明
等信息,空间中人与物、空间、自然、社会等的内在关联关系,都会令

---

① 【意】布鲁诺·赛维.建筑空间论——如何品评建筑[M].张似赞,译.北京:中国建
筑工业出版社,2005.

人产生丰富的体验感。

人在空间中的体验，其实就是在感知生活中的场所、环境、道具与人的生活之间的共生、交融的结构秩序。对空间情景的塑造以及引导对使用者（参观者）建立空间体验感受有着决定性作用。

第二章 >>>>

建筑空间多重
知觉体验

一、知觉体验概述

感觉是客观刺激作用于感觉器官如眼睛、耳朵、口、鼻或皮肤后人所产生的对事物个别属性的反映。人对客观事物的认识是从感觉开始的，它是最简单的认识形式。例如当橙子作用于我们的感觉器官时，我们通过视觉可以反映它的颜色是暖橙色，通过嗅觉可以反映它的清香气味，通过味觉可以反映它的酸甜味，通过触觉可以分别反映并区别它表皮的粗糙和果肉的饱满水润。人类是通过对客观事物的各种感觉认识事物的各种属性的。

知觉与感觉有所区别。知觉是借以解释和组织感觉并进而产生有关世界概念的一个富有意义的体验过程。知觉涉及对感觉输入的进一步加工和处理，它可以更好地描述人对生活世界的经验。例如，当人靠近一堵墙时，感觉身体收缩了，相反，当通过门口或置于广阔空间的开口时，觉得身体膨胀了。

感觉和知觉是密不可分的连续过程，人首先对事物形成感觉反应，进一步加工和处理形成知觉体验。知觉体验是通过身体与身体在空间环境中运动获得的。可以说，身体是知觉、体验和感知的接收器。[①]

我们常说人有"五感"：视觉、听觉、嗅觉、味觉、触觉。而帕拉斯玛（Juhani Palasmma）在他的文章《建筑七感》[②]（*An Architecture of the Seven Senses*）中指出，不同的建筑可以有不同的感觉特征：人们感知建筑，除了熟知的五大感官（视觉、听觉、嗅觉、味觉、触觉）外，还有更多的感觉系统在发挥着作用，例如温度感、湿度感、亮度辐射感、平衡感、空间方向感、时间感、高度恐惧感、大小尺度感、重力感、震动感、速度感、疼痛感等。

建筑信息对感官的影响与感观的接受是有层次的，一般是由视觉感知慢慢向其他感官体验扩散，从而获得全面的知觉体验。如安藤忠雄谈到朗香教堂的体验：当他第一次看到朗香教堂的时候，首先感觉到这座建筑是以视觉为中心的，他被从各种色彩斑斓的窗户射入的光线所触

---

① 【法】梅洛·庞蒂.知觉现象学[M].姜志辉，译.北京：商务印书馆，2001.
② 【芬兰】尤哈尼·帕拉斯玛.肌肤之目——感官与建筑[M].刘星，任丛丛，译.北京：中国建筑工业出版社，2017.

动；其次，他听到教堂里的赞歌，回响在室内空间，沁入心扉，通过听觉器官影响人的情绪体验。再如当人们走进路易·康的萨尔克生物楼前巨大的室外空间时，所看到的场景产生一种不可抗拒的诱惑，引领人们直接走向素混凝土墙面，去触摸它丝绒般平滑温暖的表面。

随着建筑设计领域对知觉体验的关注和建筑的多元化发展，体验式建筑空间设计更加注重人们亲临其境的真实体验，这包含了对视觉体验、听觉体验、触觉体验、嗅觉与味觉体验以及身体获得的多种体验的综合考虑。因此在空间设计中，要对人的知觉体验进行引导，注重空间、光影、质料和细部一系列连续性体验的塑造，试图调动人们的全方位知觉系统，满足使用者多感官的知觉体验。

二、五种知觉对空间体验的影响

1. 视觉感知对空间体验的影响

光作用于视觉器官，使视觉细胞兴奋，信息经视觉神经系统加工后便产生视觉。通过视觉，人和动物感知外界物体的大小、明暗、颜色、动静，获得对自身生存具有重要意义的各种信息，并传达到每个人的心灵并印记在人们的脑海里。研究表明，至少有80%的外界信息经视觉获得。视觉是人和动物最重要的感觉，因此对于空间的体验首先从视觉出发。

（1）视觉对建筑空间构成元素的影响

受到视觉影响的建筑空间元素有点、线、面、体、结构、光影、色彩、材料等。

点，是一种强调，一种视觉的暂停。建筑设计中的点常常是视觉中心，它可以是一束光，也可以是一幅画，甚至是一个设计精美的艺术品，只要能够吸引人的视线，它就能代表这个空间，使空间变得生动传神。例如贝聿铭设计的伊斯兰博物馆，顶部作为设计焦点，在光线与空间的衬托下美轮美奂，空间也因为这个点的精彩设计而变得鲜活起来。

线，是点运动的轨迹，具有一定的方向感。一般分为直线和曲线。直线常使人感觉紧张、明确而理性，更给人一种宁静延展的空间感。垂直线会给人一种向上的感觉，是一种生长的姿态，是人的生命力的体现，这种上扬的动势还会给人一种威严肃穆的敬仰感。曲线会呈现一种完美之势，一方面代表包容，另一方面却代表封闭；通常在设计的时候，会默认为曲线是女性的代表符号。因为曲线的圆润与成熟之美刚好符合女性的气质。在建筑中，延展的水平向建筑，一般会给人包容、宏大的恢宏气势感。

点的集合以及线的运动形成了平面，线常作为面的界限来定义面的存在。基本的集合面可以分为三角形、圆形和矩形三类，其他几何面都是在这三类面的基础上派生出来的。如圆形会给人以团圆、美好的心理感受，如十五的月亮又圆又亮，自然让人联想到家人平安团圆，因此有一种吉祥的寓意，也是一种中国文化传统。因此在设计中不仅要读透图形的形态语言，更重要的是要能够与当地的文化相结合。

体，由面围合而成，通常分为几何体和非几何体。几何体包括球体、正方体、长方体、锥体等；非几何体包含两大类，一类是具象的体，另一类是抽象的自由形体。具象的体常来自对自然的模仿和变形，它们带给人们的情感体验与所模仿的对象带给人们的情感体验密切相关。几何形体容易产生呆板、单调、冰冷而缺乏人情味、曲高和寡的感觉。抽象形体视觉冲击力极大，使人感觉刺激、兴奋，可以体现未来感、科技感。

结构是表现事物的情感、表情的重要的空间元素。符合形式美法则的结构通常会给人以舒服、愉悦的心理感受，破坏形式美法则的结构则给人以视觉冲击力，强迫人们接受，以不舒适的视觉心理给观者留下深刻的记忆。

光是空间对视觉造成影响的重要因素。形体、色彩、质感的表现都离不开光的作用，光自身也富有美感，具有装饰作用。一方面，要重视光在设计中的地位，善于控制与把握它的各种效果。正如波特曼在其著作中讲的："建筑师在设计时应理解各种光线的质和量对空间所引起的影响以及对人所产生的效果。"有时光本身甚至不是一种辅助手段，而是作为表现主题之一出现。另一方面，材料的质感与肌理表现更离不开光的配合。光可以在一定程度上改变某些材料的视觉质感，并使它产生冷暖、轻重、软硬感觉的微妙变化。

色彩也是空间对视觉造成影响的重要因素。在设计中合理巧妙地运用色彩，可以使建筑空间在不经意中张扬自己的亮丽个性，创造出富有性格、层次和美感的空间氛围。不同的色彩给人的心理体验不同，如红色代表喜庆，绿色给人以安全感，黄色代表温暖等。

材料也是空间对视觉造成影响的重要因素。材料本身的物理性能和它所体现出的对人的视觉作用，都是空间体验的外在表现。

（2）视知觉定律对建筑空间视觉效果的影响

视觉一方面是个人的潜意识和思维过程，另一方面也与各种社会科学有关，特别是与生理和心理学方面的研究成果有关。格式塔心理学对视觉系统互相作用的类型进行了分类，并把它们称为知觉定律：接近性（proximity）、相似性（similarity）、连续性（continuity）、完形性（closure）、良好图形（goodness）、图底关系等。借助这些研究与分析的成果，视觉因素在建筑空间设计中的应用会起到更加突出的作用。

接近性。距离上相近的物体容易被知觉混淆在一起。我们容易把两个靠得很近的且离其他物体较远的物体解释在一起。这样我们很容易去处理建筑组合体量和组团关系，使其在视觉上形成整体性。

相似性。我们将那些明显具有共同特性（如颜色、运动、方向等）的事物组合在一起。如果从空中俯瞰城市，我们会把建筑群看成一组，与成片的绿化区域分开来，也会把一片都是红瓦顶的建筑看成一组。利用自然形态来转换建筑形态时，因其形象上的相似性，很容易让我们将两者联想在一起。如悉尼歌剧院独特的外形和颜色，让我们更容易把它和大海帆船归为一组。

连续性。具有连续性或者共同运动方向的刺激容易被我们看成是一个整体。两条互相交错的曲线，我们会把它们看成两条线，而不是两个交汇于一点的"V"字形。

完形性。人们总是倾向于把缺损的轮廓补充完整，并将其感受为一个完整的封闭图形。如果一条线形成了封闭或者几乎封闭的图形，那么我们就倾向于把它看成被一条线包围起来的图形表面，而不仅仅是一条线。建筑空间中如果存在中间断开的两个弧形的墙，在我们的视觉感受中，会把它添加完整并且觉得自己处于一个完整的弧形空间中。而一个有三个墙面的空间，我们会很容易地把剩下的一个面补充上，使其成为常见的矩形空间。如水之教堂的设计，三面墙体围合的室内空间，放十字架的、正对使用者视线的一整面墙完全去除了，只留下一个混凝土框架和地面，湖泊的自然景色被引入教堂使用者的视线内，并且占据了相当大的视角。但是我们并不觉得这是个没有限定的空间，由于框架和地板的存在，我们仍然感觉自己在一个比较完整的空间内。在此，利用视知觉的"完形"功能，设计者把大自然和建筑空间非常巧妙地结合在一起，平静的水面和远山增强了教堂所需要的平静、安详的视觉心理感受。

良好的图形。具有简明性、对称性的对象更容易被视知觉识别。如勒·柯布西耶设计的萨伏耶别墅，建筑空间形体简明，空间变化少，在心理上，我们觉得这个建筑空间是可以被认知、被把握的，因此心理感受比较轻松，这一特征符合人对居所的需求。相反，太复杂的空间变化，会使我们觉得空间里有很多隐藏的东西，不是我们一眼就能明了的，会在心理上产生好奇心，想一探究竟，例如西班牙建筑师高迪的巴特罗公寓，富于变化的空间极具探索性。

图底关系——空间中的正负形。所谓的正形就是指对象物体的形状，而在周围包裹正形体的就是负形，或者说是负空间。图底关系的识别一方面取决于对象的视觉特征，一方面也取决于观者的知觉判断能力。通常建筑空间中的正形我们理解为实体，被实体包裹的虚的空间就是负形。空间的形是由一定的比例、色彩、质地和图案等基本元素组合而产生的，是建筑空间的重要成分，同时能对人的心理产生影响和作用。

恒常视知觉与非恒常视知觉。同一物体在不同的角度、环境中在人的视网膜上的成像是不一样的，但是在一定时间和空间范围内，我们看到的知觉图像改变甚微，几乎是保持不变的。视知觉倾向忽略或者说抵制视网膜成像的不断变化，从而保持对物体恒常形状的感知，这种形状是不因环境变化而变化的具体对象的本质特征，即恒常视知觉。它包括大小恒常、形状恒常、颜色恒常等。当我们跳出恒常视知觉，捕捉物体在某一时刻、某一场合下的具体形象，在环境中把握对象在具体时刻与环境的关系时，就形成了非恒常视知觉。在我们的视知觉中，只要条件允许，就要尽量呈现正面的角度，这也是恒常视知觉的一种。我们在看建筑的时候也是如此，有代表性的正面、视觉上强烈的主入口都是我们常常关注的重点。因而在设计一座建筑的时候，通常需要着重考虑建筑的正面或者入口面的形象。

读建筑 —— 知觉组织和知觉注意。我们能感受到复杂的环境信息，但并非所有对象都被感知，通常人们会选择性地把较为突出的、容易识别的、容易被接受的形象作为感知的主要对象。就像著名的"花瓶人像图"，到底在第一时间你看到的是花瓶还是人像？格式塔学派认为，一个整体中各不同要素看上去是什么样，取决于它在整体中所处的位置和所起的作用。在舞厅、游乐场所等建筑环境中，人们的行为是较随意的，视觉也是无自觉目的、广泛而随意的。在这类建筑空间中，常常会设计一些视觉重点，去有意识地组织视觉。这种视觉重点设计得越多，则会使人在无意之中得到很多不同的知觉组织效果，令人感到目不暇接、兴趣无穷，环境会显得变化丰富而具有吸引力。如电影院、办公室、教室等空间，行为特点是有意注意，这时设计者就应当突出一个视觉中心，加强引导性，尽可能减少视觉干扰，使人注意力集中以收到预期效果。

2.听觉感知对空间体验的影响

听觉是声波刺激听觉器官而产生的感觉。听觉是仅次于视觉的重要感觉通道，是人类与空间沟通的重要工具。帕拉斯玛认为视觉具有隔离功能，而声音则具有透明性，有着连接和结合空间的作用。如果说视觉暗示着内与外的对立，听觉则创造出内与外的延续。如当人们漫步于林间小路，回荡的脚步声让人们内心有一种沁人心脾般的舒畅感，这是因为反射过来的声音将人们与空间连接起来。清代张潮的《幽梦影》说："春听鸟声；夏听蝉声；秋听虫声；冬听雪声；白昼听棋声；月下听箫声；山中听松风声；水际听欸乃声；方不虚生此耳。"正是因为有了声音的作用，我们才能拓展想象的空间，通过想象使所听对象也变得丰富，使我们对所处空间的体验更加立体生动。

空间形状对听觉的效果会有影响。一般来说，在层高较大的空间里面，声音的混响层次被拉大，在听觉上让人产生空间的空旷感；在低矮的建筑空间里，声音会变得低沉，在听觉上空间会变得压抑感较强，特别是在一些封闭性很强的地下室空间，会让声音变得很凝重。

中国古建筑常利用建筑物部件或者在建筑中活动的人所发出的声响或回声，形成听觉感受。如在园林建筑、佛教寺院中铃声创造的悠远意境，使之成为与世隔绝的一方净土。《洛阳伽蓝记》中记载历史上著名的洛阳永宁寺塔"角角皆悬金铎，宝铎如鸣，铿锵之声，闻及十余里"。佛寺铎音在佛教徒听来有一番梵界的意境，营造出佛教的神秘气氛和超凡境界。在皇家建筑如北京天坛中，在天坛之圜丘坛中心的"天心石"上轻声呼唤，能听到四方传来的回声，好似众人齐鸣，一呼百应。这本是将声学原理应用于圜丘建筑的精妙所在，却被附会了天赋王权的封建礼教与神学色彩。

利用自然元素在建筑中制造声音可以渲染空间气氛。如在江南园林里，雨溅落在屋顶瓦片上、青石板上，或石椅石凳上、草丛泥土中、各种叶片上，发出的声音都不一样，"芭蕉叶上潇湘雨，梦里犹闻碎玉声"，各种声音混合交响，演奏出优美和谐的自然之音。

　　在现代建筑空间设计中，根据空间类型和功能与声音要素结合，用良好的声学效果来强调空间氛围，可以收获情景交融的空间体验感。

　　如在桂林市临江路的一家西餐厅内种着各式各样的绿色植物，在角落的"小树林"里，不时传来阵阵清脆的鸟鸣。树枝上挂着两个鸟笼，各有一只画眉鸟不时发出悦耳的"歌声"。这一"引林入室，人鸟共处"的设计，营造出自然和谐的生态环境，让客人们仿佛置身于大自然中，给餐厅增添了不少生趣。

　　借用水景的空间设计，其很大一部分用意是借水声来丰富空间的听觉层次。如赖特的流水别墅建造在高崖林立、草木繁盛、溪流潺潺的山野中。把别墅与流水的音乐感结合起来，将建筑凌空建在溪水之上，使建筑成为山溪旁一个峭壁的延伸，使人沉浸在瀑布水流的声响中，充满生活的乐趣。

　　再如勒·柯布西耶在拉图雷特中会感受到极端的声学效果——超长的混沌时间，声音不断地从深深地壁龛中反射回来，促使人们去思考空间的精神内涵。

犹太人纪念馆的一间空旷展室里覆盖着厚厚的人脸铁块，在肃穆的气氛中，从这些铁块上走过传来的哐啷哐啷的声响，刺激着参观者们从灵魂深处想起那些曾被羁押的受难者们，使人们经受一次强烈的精神洗礼与心灵震撼。

寂静也是一种声音，在一些情况下反而比有声更具感染力。巴拉干有一句名言："没有实现静谧的建筑师，在他精神层次的创造中是失败的。"[①] 建筑空间营造的静谧感让人得以听到自己灵魂的声音。"此时无声胜有声"，在静谧的时间和空间里，人们得以沉思冥想，灵魂深处的记忆与幻想源源不断涌上心头。如安藤忠雄的光之教堂，混凝土围合的黑暗内部空间与外界隔离，只有墙上的十字形切口让光线倾泻进来，此时的室内静谧且神圣，无声的世界却唤起人内心虔诚的宗教之声。

3. 触觉感知对空间体验的影响

触觉是触摸感觉。黑格尔认为，能够将空间的深度感知出来的知

---

① 《大师系列》丛书编辑部.路易斯·巴拉干的作品与思想[M].北京：中国电力出版社，2006.

觉就是触觉，触觉延伸了视觉所达不到的领域。^① 与其他感觉系统相比，人们通过触觉直接接触来自不同物体的品质，它向被赋予感觉的人们传达出细微信息，让人们能感知周围的环境。帕拉斯玛在《建筑七感》中称这种知觉为"触摸的形状"：肌肤的触摸可以感觉到对象的肌理、质感、温度、重量、密度等，从而感知到物体的更多特性。^②

一方面触觉通过手去接触物体获得感觉。"手是一个复杂的器官，是一个三角地，来自四面八方的生命信息源源不断地在这里汇聚，汇聚成行为的河流。人的双手有它们自己的历史，有它们自己的文明。它们也因此显得特别美丽。雕塑家的手是认识世界和独立思考的器官，因此，手是雕塑家的眼睛。手可以阅读，阅读物体的肌理、重量、密度和温度。当我们握住门的把手就是和建筑握手。触觉感知把我们和时间及传统联系在一起。"^③ 另一方面，触觉也包括身体在运动过程中获得的空

① 黄小雨.基于知觉现象学下的博物馆室内空间设计研究[J].文化创新比较研究，2018（18）.

② 【芬兰】尤哈尼·帕拉斯玛.肌肤之间——感官与建筑[M].刘星，任丛丛，译.北京：中国建筑工业出版社，2017.

③ Juhani Palasmma. *An Architecture of the Seven Senses*[J]. a+u, July 1994.

间感受，如倾斜、水平、垂直等方向感。另外还包括整个身体对外部事物的感受，即由分布于全身皮肤上的神经细胞感知的外界温度、压力、震动、湿度等。甚至，如帕拉斯玛所说，"眼睛也会触摸，凝视暗示与潜意识的触摸"。[①]

如彼得·卒姆托的Bruder Klaus Kapelle教堂设计，使用了特别的建造方式，先用112根松树干支起框架，然后用当地特有的施工方法将混凝土一层一层地浇筑夯实在现有表面之上，每层约50厘米厚，当24层混凝土固定完成，内部木框被点燃，留下一个中空的黑腔和烧焦的墙壁，带有特殊垂直线条的焦化混凝土呈现出粗糙感，让人忍不住用手触摸这特别的肌理，更加深刻地体会隐藏在建筑表皮之下的传统与精神。

除了手，我们还可以用脚去感知空间。如设计师原研哉提及的旅店："门前以大小各异、光滑圆润的鹅卵石铺路，让人忍不住想要脱下鞋袜踩过去。"通过脚底的感知，"自然""淳朴"的感受给人留下深刻

---

① 吕瑞杰.帕拉斯玛与他的《肌肤之目——建筑和感觉》[J].建筑知识（学术刊）.2013（10）.

印象。

手塚建筑研究所设计的吉野保育园椭圆形屋顶有8%的坡度，这个倾斜的表面可以激发儿童奔跑的欲望，身体在运动中，不自觉地感受到向上的阻力和向下的加速度，从而使奔跑这个简单的事情更加具有趣味性。另外值得一提的是，幼儿园全部结构完全由木材制成。与钢或钢筋混凝土不同，木材的手感温暖宜人。孩子们会因为材料良好的触感而爬上木制的柱子，但他们永远不会对冷钢或混凝土做同样的事情。成百上千只小手会在木结构上面留下痕迹，木材也会随着时间流逝变得更加迷人。

迫庆一郎在北京蒲蒲兰绘本馆中临窗设计了许多大小不一的圆形空间。孩子们可以爬进洞穴般的圆形空间，或躺或倚，随心所欲地读书。从外部观望这些圆窗，人们可以看到孩子们自由读书的样子。迫庆一郎认为："从身体舒适的角度来说，一些大人觉得很小的空间，其实是孩子觉得最合适的空间。"孩子们用身体接触适合他们使用的建筑空间，体会空间的趣味性。

4.嗅觉感知和味觉感知对空间体验的影响

对于空间感知,味觉和嗅觉有着其特殊的作用。荷兰作家皮埃特·福龙在《气味:秘密的诱惑者》①一书中讲到,气味不仅会被察觉,也会被记忆。我们可能因为一种特别的气味自此记住了一个人,或是熟悉的味道能让你想起往事。

气味,是一种空间情绪含蓄的表达,这种表达方式最细腻,最容易打动人的心灵。气味不仅能够引发人们或开心或悲伤、或喜爱或厌恶的情绪,还能够产生振奋或者抚慰情绪的效果。一种特别的气味会使人不知不觉地进入一个已经被视知觉记忆遗忘的空间。嗅觉和味觉可以唤醒一个被视觉遗忘的景象,呈现出新的体验感,这种体验将人们与空间融为一体,甚至微弱的气味也可以在人的幻想中营建一种不同的空间。

嗅觉在空间感知中起到空间认知的作用,是一种令人难忘的微妙的记忆。帕拉斯玛在《建筑七感》中强调,空间最强的记忆就是嗅觉作

---

① 【荷兰】皮埃特·福龙.气味:秘密的诱惑者[M].陈圣生,张彩霞,译.北京:中国社会科学出版社,2013.

用的结果。空间中影响嗅觉的主要因素是材料。如大量采用原木的空间会让人感到温馨和暖意，不仅是因为原木的色彩，另一重要原因是原木散发出的味道能令人感受到自然的气息。如彼得·卒姆托的Bruder Klaus Kapelle教堂设计，木框架燃烧后留下的黑色印迹和浓浓的木炭余香永久地留在混凝土墙壁上，营造出自然、安谧、神奇的纪念建筑氛围。

嗅觉在空间中也有诱导作用。气味本身的特定信息也会给一个特定空间打上联想的印记。当你穿梭在美术馆中，淡淡的咖啡香在空气中若有若无，你接收到的信息就是不远处有咖啡吧；还会随着越来越浓烈的气味引导你走向并接近目标。这是嗅觉给我们的最基本指引作用。

不同功能的建筑空间适合不同嗅觉。餐厅不会有机油的味道，车库也不会有烤面包的气味。在空间气味的营造上，马拉喀什一家豪华旅馆处理得非常巧妙。旅馆由专职芳香师来负责。霍尔在圣·伊纳爵教堂不同的公共领域喷洒不同的混合精油，以营造不同的气味和空间，在教堂内墙壁上涂抹了一层芳香四溢的蜂蜡，使人们的嗅觉感受与其他各种知觉系统感受交织在一起。

就建筑而言，视觉刺激最为广泛，而味觉影响最低。味觉曾是最难融入空间体验设计的一种感官语言。因为实物是不能入口品尝的，因此味觉就很难融入建筑空间体验。但味觉也不是可有可无的设计元素。如在2010年上海世博会的印度展馆就置入了具有印度特色的小吃，促使观众全面了解印度文化。美食不仅能够补充人体能量，可口的食物也能使人心情愉悦。

设计需要创新，空间设计中的味觉在某种程度上不能直接品尝，但它可以是由视觉或嗅觉刺激反射出的一种感官体验。"望梅止渴"就是这个意思。

三、知觉多样性对空间体验的影响

1. 联觉——知觉的多重体验

联觉是指"一种感觉纠缠着另外一种或几种感觉而产生的一种心理现象，是两种或两种以上的感觉相互作用而产生的一种奇特的心理效应。在这种心理现象中，各种感觉之间并不是相互分离、各自独立，而是相互影响，相互作用，相互转换。"① 联觉是将视觉、听觉、触觉、嗅觉与味觉等感觉通过相互作用、相互融合得到综合性知觉体验，是纠结绵延的整体性体验。

联觉是一种真实稳定的感受，是一种所有人都会体会到的感受，只不过一些人对此无意识。西班牙实验心理学研究员阿莉西亚·卡列哈斯说："建立在客观数据基础上的所有理论都认为，联觉现象是因大脑不同区域之间存在额外联系而造成的。"

虽然视觉是最直接、接收信息最快的感觉器官，在观察物体时，对事物有最直观的感受，在建筑空间中，对建筑的形状、色彩、动态或光线变化也通过视觉感知，但是耐人寻味的体验绝不仅仅是眼睛感受的结果，视觉也不可能离开其他知觉而单独存在，是多种知觉混合而成的，各种知觉之间可以互相转换与影响。实验心理学家赤瑞特拉（Treicher）的研究表明，人类获取外部信息的感觉来源中，83%来源于

① 【美】思瑞卡·格韦德. 神奇的联觉现象[J]. 罗祥秉，译. 科学之友（上），1990（8）.

视觉，11%来自听觉，3.5%来自嗅觉，1.5%来自触觉，1%来自味觉。每一种感官都以自己的认知方式创造建筑空间的多重体验感，从而为人们构建出完整的空间概念。认识到这一点，才能避免建筑空间设计只重视视觉而忽略其他感觉，更有甚者令人仅仅以旁观者身份来视察建筑，忽视人的真情实感。

如赖特设计的东京帝国饭店，通过视觉和触觉的空间要素提醒人们正处在一个与众不同的世界中。走廊的墙上使用了凹凸不平的粗糙的砖，在退后砖表面1—2厘米的勾缝中使用细腻、平滑而富有装饰性的灰浆，经过此过道的人们会情不自禁地去观察并有用手触摸砖缝的冲动。这种细部的设计，使人们与墙面建立起一种亲近的关系，从而加强了视觉与触觉的综合体验。

又如珍妮·泽尔设计的Helmut Lang纽约新香水店，空荡荡的店铺里只有一个柜台，里面放着寥寥几瓶科隆香水，空间被视为所有一切中最奢侈的东西，衬托了商品的唯一性和珍贵性。而店铺中的特殊装置——发光二极管在墙上不断翻滚着这样一首诗："我走进来，我看见你，我注视着你，我等待着你，我呼吸着你，你的味道留在我的皮肤上。"数字技术提供的虚幻图景和声音与现实空间结合起来，弥漫的香气加上跳跃的视频信息，建立了空间 — 香水 — 人三者之间微妙的关系，充分调动了人的视觉、嗅觉、听觉和心灵的无限遐想，平添了空间的叙事性和诗意。

2. 通感——知觉的转移

通感也叫移觉，是指一种感官受到刺激后引发另一感官产生反应，它既是一种生理现象也是一种修辞方式。宗璞的《紫藤萝瀑布》中就有这样的描写："香气似乎也是浅紫色的，梦幻一般轻轻地笼罩着我。"这里就巧妙地将嗅觉感受到的"香气"转换成只有视觉才能感受到的"紫色"。如一个女孩子的笑容很温暖，很阳光，我们会用"她笑起来很甜"来形容。"甜"本是用来描述味道的词，这里用形容味道的词来形容一个视觉上的印象，非常生动。

最常见的通感现象是通过色彩感知温度、形状、气味、声音或味道。比如，红、橙、黄，类似于太阳和烈火的颜色，往往引起温暖感，是一种暖色。蓝、青、紫，类似于碧空和寒水的颜色，常常引起寒冷的感觉，是一种冷色。色调的浓淡使人产生远近之感：深色调使人感到近些，浅色调让人感到远些。再如拉斯姆森在《体验建筑》中强调，雪茄本身是褐色的，包装的盒子也是用咖啡色的杉木或者红木做的，如果把雪茄放在粉色或淡紫色的盒子里，会使人们联想到与烟草无关的气味和口感。

但建筑不能为了满足每种感官而保留一些可有可无的设计。设计就是要在不损失设计语言的前提下不断地做减法，通感恰恰是能满足这一点的设计手法。通感能用颜色来传递温度，能用声音来散播香气，一个简单的设计手法可能给受众带来多重的感官体验，大大降低了设计负累并能取得很好的设计效果。

通感让感官交流不再困难。人在感知事物时，五种感官受到刺激的概率并不平均。所以除了与人形成的必要接触或特殊环境下的特定要求，一座建筑很难直接引发观者的其他感受。而通感的作用，正在于建立两种或多种感官之间的联系。当建筑的表现方式很难直接影响其余的四感时，我们可以通过对视觉感官的干预，间接影响其余感官，达到更好的设计效果。

如宏亚巧克力博物馆的设计中，借用巧克力块状铝板帷幕和玻璃幕墙，按照比例和配料进行调整，产生出巧克力千变万化的口感，不规则的外形表达巧克力块体的棱角。此时视觉上的巧克力形状让人联想到巧克力浓郁的味道，而且让味觉体验延伸至空间各层次，感受到空间内部的香浓余韵。

再如安藤忠雄的光之教堂，内部是简单的灰色水泥墙、逼仄的空间、昏暗的光线，但墙面上会发光的十字架成为空间重点，视觉引发的触觉能让人感受到发光十字架背后代表的信仰，促进人们与神的交流。

丹麦的哥本哈根有一个极富韵律感的线性公园，三个色彩鲜明的区域分别有着自己独特的气氛和功能。红色的广场热烈张扬，铺满了颜色艳丽、节奏密集的色块，配以各种曲线围合，造型奇异的健身器材，即便没有声音，耳边也仿佛有舞曲炸响，瞬间点燃人的运动激情。黑色的广场静谧冷傲，地面上悠长的白色装饰线条仿佛是拨乱的琴弦，在这样的环境中休息放松，有如置身于浪漫的爵士乐中。绿色公园被植被与草坪覆盖，扑面而来的自然气息如同清新的民谣，让人舒适惬意，是野餐或日光浴的不错选择。三个区域分工明确却又相互补充，就像盛大的音乐剧般，既有舒缓的前奏又有澎湃的高潮。不仅给人以视觉上的享受，对听觉也起到了愉悦的作用。

3. 移情——知觉的情感转化

拉斯姆森曾经说过："如果一个建筑师希望能够造成一种真实的体验和感受，他就必须使用和结合那种能够留住观者并使其主动去观察的形式。"[1]

"移情说"的概念是由德国哲学家罗伯特·费舍尔提出的。[2] 而后由德国美学家立普斯确立。[3] 移情是指人们参照外界事物时，设身处在事物的境地，把原来没有生命的东西看成是有生命的东西，仿佛它也有

[1] Steen Eiter Rasmussen. *Experiencing Architecture*. Cambridge: MJT Press, 1957.

[2] 1873年，罗伯特·费舍尔在其论文《论视觉的形式情感》中指出，"把感情渗进里面去"即"移情"。

[3] 立普斯，移情说代表人物。"物""自我""他者的自我"三者之间的相互理解，其必要途径是"移情"。

感觉、思想、情感、意志和活动。同时，人自己也受到对事物的这种错觉的影响，或多或少会和事物发生同情和共鸣。[①] 即主体对客体对象进行审美体验时，将自我意识客观化，能动地将情感移植到客体事物中去，从而使主体与客体之间物我同一，获得情景交融的审美效果。将移情作为一种设计方法，首先需要设计师采用戏剧中"角色扮演"的研究方法，演员为了塑造某个人物形象，需要进行真实的生活体验，反复观察和研究人物的内心世界，这样才能创造出真实生动的人物形象。因此，在设计过程中，要求设计师以观者的身份进入所体验的环境，以观者的视角去观察世界，通过设计方法把埋藏于内心的模糊不清的概念和感情物化出来；再通过主题性场所的塑造，使人们产生"移情"，进而产生形象与感情的连锁反应。

---

① 朱光潜.谈美书简[M].北京：中华书局，2002.

第三章 >>>>

建筑空间形式体验

"一切艺术形式的本质，都在于它们能传达某种意义，任何形式都要传达出一种远远超出形式自身的意义。"① 在建筑空间中，就是能够通过它自身的物质形式来表达出一种多元而丰富的精神体验。当我们置身于拥有上海人文特色的空间中时，我们会感到平和而富有内涵的气韵、唯美的配饰、精致的细节，这种审美感受都是由物质媒介传达和表现的。对建筑来说，任何一个物质部分，无论大小，能够独立完整地体现一定的功能、表达一定的意义，都可以称之为细部。它的核心不外乎就是形状、材料和色彩。形状产生理性的控制，材料反映出建筑的感染力，色彩可以表现建筑的个性和建筑师的情感。

一、建筑形体的空间体验设计

形体，是组成建筑的基本单元。不同的建筑形体对空间体验产生

---

① 【美】鲁道夫·阿恩海姆.视觉思维——审美直觉心理学[M].滕守尧，译.成都：四川人民出版社，1998.

不同的影响。

1. 建筑形体的多样性表达

（1）规则几何形体

在漫长的人类建筑发展史中，为了实现各种心理或者实际效果的需要，人们创造出形式多样、千姿百态的形体，然后将这些形体单个或者多个组合，构筑成不同的建筑物。建筑绝大多数由各种几何形体组成，几何形体是建筑最基本的元素。简单的几何形状更容易形成记忆和印象，满足人们对于建筑形态的情感需求。

规则几何体是人类最早用、最常用的建筑形体，具有明显、突出的优点。它规则、严谨的外形给人一种肯定、持重、明快、简洁的美感，长期以来被广泛地采用。它们表达的情感人们较为熟悉，其固有形态基本上已约定俗成，容易被人们接受。具体用在建筑中的规则几何体主要有：方体、棱柱体、圆柱体、椎体、台体和曲体。

①方体

包括正方体和长方体。方体有规整的形状，便于视觉度量，有明确的体量感，一般给人以严谨、平稳、规整以及平易近人的感觉。方体构成的建筑，因其三维尺寸和比例不同，给人的感受也有所不同。巨大的方体，雄大、宏伟；精细的方体，小巧玲珑。长方体则按其长、宽、高比例不同而具备不同的形态。密斯·凡·德罗说过，稍稍将长方形的边挪动一下，就可以得到许多更漂亮、更适用的长方形。

②棱柱体

具有方体的一些特性，如挺拔、坚定、明快等。在外观上，棱柱体的面宽比方体窄，从而减弱了方体庞然大物的感觉，给人相对纤细、精巧的感受。方体建筑只有四个立面，而棱柱体建筑立面的数量一般比方体建筑多，故其层次比较丰富，给人更绚丽、有变化的印象。小于九十度的转角，给人感觉比较尖利，大于九十度的转角，则较敦厚，给人忠厚稳健的感觉。

③圆柱体

圆柱体的外观感觉比方体、棱柱体等都纤细。圆形的外表容易引起人们的注意。圆滑的柱体呈现柔和、温顺和内敛的品性，给人以宁静包容的感觉。它不像方体、棱柱体那样有棱有角，其阳刚之气化为绕指柔，给人委婉的感觉。圆柱体不论放在哪里，一般都会被人们首先关注。

④ 锥体（台体）

其独特的形体容易引起人们的注意，并具有明显的指向性。当椎体或台体正放时，也就是其尖顶或短边在上部时，给人以稳固、坚实的感觉，多用于表达坚定的信念，所以经常被用在永久性建筑中。比如埃及的金字塔。中国古典建筑常在需要强调的屋顶采用椎体或者台体结构，呈现出稳定、坚固、宏伟的特性。而这种台体成为锥体的时候，如哥特式教堂，高挑的屋顶直指天空，仿佛直达天国，形成一种神秘的动势。

⑤ 曲体

包括球体、半球体和抛物线形成的各种圆滑体形。半球体不同的放置方法，给人的感觉也不同。正放的半球体，可以创建跨度巨大的顶部，如古代罗马式教堂，营造一种高耸宏伟的感觉。

⑥ 规则几何形体的叠加

对不同几何形体的叠加运用，使得建筑结构呈现出不同的美感。

如南京市圣迪奥总部的设计，大楼被分为两个结构性独立的巨大立方体，在不同的高度相互支撑，形成一种空间的复合体结构。

（2）不规则几何形体

在不规则几何体构成的建筑形态中，传统的比例关系被打破，凭借扭曲体量及其本身丰富的体块变化获得一种意外的、夸张的视觉感受。勒·柯布西耶的朗香教堂和门德尔松的爱因斯坦天文馆都尝试采用不规则的体块设计获得独特的建筑造型。

营造不规则体块的主要方法包括：使限定形体的空间界面发生扭曲、挤压、拉伸、膨胀、分解、穿插、错置、叠合、剥离、破碎等；通过零重力存在的验证、莫比乌斯空间曲线打破空间支撑界面的水平性和垂直性；通过构件的并置、构件关系的错位、挑战结构构件的物理极限等使构件要素发生变形。

如盖里设计的西班牙毕尔巴鄂古根海姆博物馆，整个建筑群外覆钛合金板的不规则曲面体，建筑表皮被处理成向各个方向弯曲的双曲面，随着日光入射角的变化，建筑的各个表面会产生不断变化的光影效

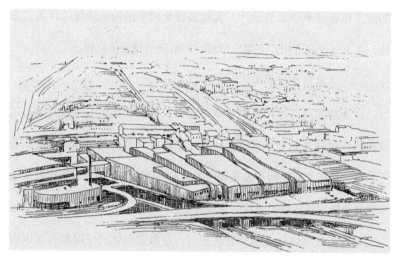

图3-1　哥伦布市会议中心，由很多个不规则几何体拼接组合而成，表现出精心处理过的分离感和破碎感。

果，避免了大尺度建筑北向的沉闷感。为利于布置展品，主要展馆仍然是规整的；动态变化的空间主要是入口大厅和四周的辅助用房，曲面层叠起伏、奔涌向上。这建筑富有表现力的复杂形式，传达出一种超现实的、抽象的独特气质。

　　再如彼得·艾森曼设计的哥伦布市会议中心（图3-1），整个建筑造型打破公共建筑物非圆即方的传统样式，由很多个不规则几何体拼接组合而成，俯视这一建筑，仿佛是11条彼此交错相插的货运车厢。无论是立面还是总体，无论是外部装饰细节还是室内设计，都表现出精心处理过的强烈分离感和破碎感。

（3）拼贴

拼贴是"一种作画技法，将剪下来的纸张、布片或其他材料贴在布或其他底面上，形成画面"[①]。1911年末，毕加索创作出艺术作品《椅子上的静物》（*Still Life With Chair Caning*），这幅画被认为是西方艺术史上第一件拼贴作品。在超过三分之一的画面上，作者粘贴了一块印有藤椅图像的油画布，在剩余的画布上他绘制了含湿模的静物，保留了划过画布的笔触作为静物的投影，仿佛静物就被放在油画布的上面，并且没有用传统的画框，而是在画布外侧用一根切断了的绳子捆绕，这样的做法无意中制造出咖啡店中静物托盘的效果。这幅开创性的作品所制造出的错觉效果，使越来越多的艺术家开始尝试使用各种材料与造型手段

---

① 《辞海》编辑部，辞海[M].上海：上海辞书出版社，2002.

来进行绘画创作。这种方式打破了大众对表现对象的既定印象，在拼贴组合中制造出令感官刺激的要素。在而后的波普艺术家那里，拼贴的艺术价值不仅得到了充分肯定，而且还有了更深层次的发展与使用。它已不再是单纯的反传统艺术的媒介与手段，而成为一种将现成元素加以拼贴组合来寻求实物之间相关联系的"集成"艺术。在这里，拼贴成了当代艺术中一种不可或缺的手段，打破了大众对表现对象的既定印象，在拼贴组合中制造出令感官振奋的要素。

如果说现代建筑与现代绘画两者之间有较复杂的关系，那么现代建筑与拼贴的联系则更加深奥与抽象。建筑设计利用拼贴的方式对单体进行拼贴与组合得出许多不同的形态，可以将各种材料和一切设计方法关联起来，通过异质同构的方式制造出新的视觉形象，既避免了单调乏味，又暗示出不同结构间内在的连续变化关系。

建筑拼贴设计手法可应用在老建筑的扩建上。如弗兰克·盖里在加州圣莫尼卡的私人住宅设计中（图3-2），大约74平方米的扩建部分利用若干粗糙、廉价的工业材料层层相叠，并从屋顶之上突然"坠落"

图3-2 弗兰克·盖里
在加州圣莫尼卡的私人
住宅设计，在老建筑的
扩建上应用建筑拼贴设
计手法，扩建部分与旧
有部分的古典设计形成
了一种"未完成"的艺
术效果，改变了大众观
察事物的方式，留给观
者更大的想象空间。

图3-3 彼得·库克和
科林·福涅尔等合作设
计的奥地利格拉茨美术
馆，钢架、石材和玻璃
等各种材料拼贴在一个
复杂的形体之内，形成
一种流线的、复杂的建
筑形态。

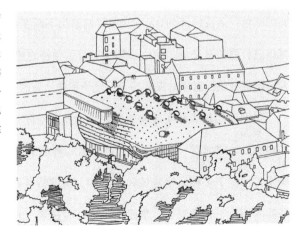

一个立方体，扩建部分与旧有部分的古典设计形成了一种"未完成"的艺术效果，改变了大众观察事物的方式，留给观者更大的想象空间。

利用建筑拼贴，可以将矛盾的元素经由组合而统一起来，既保持了个性的差异，又使不同元素融合在一个整体之中。如彼得·库克和科林·福涅尔等合作设计的奥地利格拉茨美术馆（图3-3），建筑坐落于几个古建筑之间，整个建筑外观基本上均由平滑的曲线和曲面构成，结构由钢架、石材和玻璃等各种材料拼贴在一个复杂的形体之内，形成一种流线的、复杂的建筑形态。建筑的表皮由丙烯酸材料构成，呈现半透明的蓝色，表皮内部的BX发光装置制造出不断变化的图像与声音，与城市进行着信息交流，使这一建筑拥有了独特的建筑形式与空间效果，营造出富有象征意味的视觉感受，赋予了作品新的空间状态。

借助引用现成品实现建筑拼贴，为建筑空间带来更为丰富的效果与内容。如詹姆斯·斯特林设计的伦敦泰特美术馆扩建项目 —— 克洛美术馆，位于多种风格建筑包围之中。由波特兰石头砌成的古典式泰特美术馆位于其西南面，东面是一栋红砖建筑，北面则面对一座20世纪60年代的玻璃幕墙办公楼。考虑到基地所处环境复杂，多种符号被斯特林大胆用于立面设计，并且通过拼贴的手法将它们有机地组合在一起，形成各种元素之间的呼应。波特兰石柱在建筑主立面的底层及入口处得到沿用，其中主立面的东侧使用了红砖，并采用了介于二者之间的黄色毛粉刷嵌板材料，现代主义语汇的带形窗被安装在建筑的北立面。由此，周边原有建筑的风格与新建美术馆的立面得到一一对应，鲜亮的色彩使整个建筑更富有生机和活力。

利用电影中的剪辑技术，使用组合、叠加、重复、反转、替代和插入等技法，实现建筑空间的蒙太奇，即在建筑空间设计中通过不断的拼贴、组合，使不同建筑风格和片段同时出现在同一空间中，使得空间变得连续、完整，使建筑设计更为多元化地展现空间结构，从而达到一种特殊的情感表达效果。如屈米的拉维莱特公园设计，由35个有着不同具体功能的立方体规律地构筑整个地块，通过长廊、林荫道和一条贯穿全园的"主题花园径"，将公园划分为10个主题园，对空间形式进行组合，呈现出一定的逻辑性与秩序感，构建出更具感染力的空间秩序，使大众获得全新的感官体验，公园也展现出一种全新的构建模式。

（4）仿生物形态

生物世界的形态总能给建筑设计增加一些深层次的价值，以生物象征为基础的新建筑越来越容易被人们所接受。仿生建筑以生物界某些生物体功能组织和形象构成规律为研究对象，探寻自然界中科学合理的建造规律，并通过对这些研究成果的运用来丰富和完善建筑的处理手法，促进建筑形体结构及建筑功能布局等的高效设计和合理形成。

仿生建筑的应用方法主要有四个方面：建筑形式仿生、城市环境仿生、使用功能仿生，组织结构仿生。

① 建筑形式仿生

通过研究生物千姿百态的形式规律，探讨在建筑上应用这些规律的可能性。形式仿生不仅要使建筑功能、结构与新形式有机融合，还要超越模仿而升华为一种创造过程。包括拱形结构仿生、薄壳结构仿生、充气结构仿生、新陈代谢、自然形态仿生等多种方式。

拱形结构仿生源于生活在中生代的巨大爬行动物恐龙。如巴黎"防

图3-4 巴黎"防烟雾"大厦，源于生活在中生代的巨大爬行动物恐龙的拱形结构仿生。

图3-5 印度莲花寺，源于莲花形象的薄壳结构仿生。

图3-6 歇尔佛体育馆，源于植物和动物的细胞胀压原理的充气结构仿生。

烟雾"大厦（图3-4）。

薄壳结构仿生源于各种蛋壳、贝壳、乌龟壳、海螺壳以及人的头盖骨等，如印度莲花寺的设计（图3-5），灵感源于莲花。

充气结构仿生源于植物和动物的细胞胀压原理。如美国工程师大卫·盖格设计的密歇根州蓬塔克城的歇尔佛体育馆（图3-6），其充气结构具有造型优美、光彩悦目的时代魅力。新陈代谢是通过对生命周期和循环的分析，探求一种将不断更新变化的设备部分和能够长期使用的巨大结构体分开的设计方法。如丹下健三在日本山梨县建造的文化会馆，它的平面组合仿照植物的新陈代谢功能，设计了一个个垂直的圆形交通塔，内为电梯、楼梯与各种服务设施，所有办公空间则建立其间，这样可以根据需要不断扩建或减少。

自然形态仿生是通过对大自然事物构造的感悟、提炼，然后把这种灵感用在建筑形体的塑造上，形成一种浑然天成的效果。如高迪的米拉公寓设计，带有明显的动物骨骼形式，隐喻着这座海滨城市战胜蛟龙的古老传说。设计师把对大自然的模仿用在处理建筑的整体造型以及室内空间上，用流动的曲线表达出对大自然的热爱和向往。

② 城市环境仿生

巴黎的改建就模拟了人的生态系统而进行规划设计，是城市环境仿生的代表性案例。如从1851年开始的18年间，奥斯曼对巴黎进行改造，从其主要工程图看，在巴黎东、西郊规划建设的布洛尼和文赛娜两座森林公园象征人的两肺，环形绿化带与塞纳河就像是人的呼吸管道，可以使新鲜空气输入城市的各个区域。市区内环形和放射状的各种主干与次要道路网就像是人的血管系统，使血流能够畅通循环。这种城市环境仿生思想不仅在当时起到了积极的作用，解决了困扰巴黎的城市交通与环境美化问题，使巴黎成为世界上城市改建的成功范例，而且这一理论迄今仍然值得借鉴。

③ 建筑功能仿生

如勒·柯布西耶设计的法国朗香教堂模拟人的耳朵，象征着上帝可以倾听信徒的祈祷。正是因其平面具有超现实的功能，以致在造型上也相应获得了奇异神秘的效果。

④建筑结构仿生

利用自然界的生态规律，应用现代技术创造出一系列仿生结构体系。

如卡拉特拉瓦设计的1992年赛维利亚世界博览会科威特博览中心，其屋顶是可自由开闭的结构，模拟动物关节的自由运动。夜间屋顶肋架敞开，下面平台上便可举办各种露天活动。这一设计不仅在结构与功能上做到了有机结合，还给人以无限遐想，体现出一种运动的诗意。

（5）建筑象征

建筑象征是通过特殊的形式组合来表现建筑内涵并反映其含义。为了在外观上营造一种冲突与矛盾的视觉对比效果，采用象征某些现实中物体或概念的方式，表达一种深远的文化隐喻。即用建筑的外形来表达建筑以外的内容，如情感等。建筑作为一种人与人之间的联系方式，表达了人们的思想意识与信仰。如埃及金字塔象征着古埃及人期望灵魂永生的精神内涵。

建筑象征的方式一是对符号化的特征进行选择、提炼、重构处理之后，形成与现代建筑形态的合理组合。

如宁波博物馆的设计。博物馆被设计为一个独立的人工山体形状，用内部的三处大阶梯分别象征山谷。这一建筑在材料选用上用竹板条状的混凝土混合以多种旧砖瓦，表现了对之前拆除村落的回归，体现了生命的浩瀚，也是对山的象征。这种山型建筑使用的就是象征设计手法，对所要表达的意境进行了一定程度的暗示，人们可以根据自己的感受进一步展开联想。

图3-7　四川省蒲麦地村的牛背山志愿者之家的设计，曲线形屋顶和背后的大山形态相互呼应。

再如四川省蒲麦地村的牛背山志愿者之家的设计（图3-7），项目利用原本破旧的两栋房屋，让当地村民参加建造过程，使用当地最常见、最基本的坡屋顶形式和小青瓦材料，使用当地传统的搭建方式如石砌墙等。在满足使用功能的前提下，加建了一个观景平台，房屋之上覆盖一曲线形屋顶，恰恰与背后的大山形态相互呼应。当人面对主屋时，从左至右，左侧是中国西南传统建筑的符号记忆和灵魂象征，向右转变为极具现代特征的建筑形态。这一建筑将传统村落环境、现代建筑手法甚至是对未来的探索融为一体，营造出人与场所精神之间的紧密联系，具有强烈的归属感。

再如安徽绩溪县的绩溪博物馆（图3-8），对传统徽派建筑进行现代手法的简化和精炼，取徽派之味，现现代之意。整体连续起伏的黑瓦屋顶、简洁通直的白灰墙面、灰瓦构成的漏窗、规律布置的三角屋架、钢材玻璃等现代材料的加入、用地内保留现状的树木、多个庭院天井和街巷的布局、建筑体块的夸张变形等，使传统和现代感合二为一，一方面营造出舒适宜人的室内外空间环境，另一方面也是对周边场所精神的充分演绎和展现。

图3-8　安徽绩溪县的绩溪博物馆，对传统徽派建筑进行现代手法的简化和精炼，使当地传统和现代感有机融合。

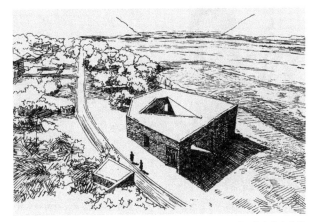

图3-9　西藏的尼洋河边游客中心，用现代的设计手法，对西藏文化中的符号进行重新结构，体现出一种对西藏文化元素以及当地自然风情的尊重。

建设象征的方式二是采用如抽象的几何化建筑造型、现代新型建筑材料、先进的施工技术等现代建筑语言来表达隐喻特征。新建筑要隐喻地找到与场所环境的联系点，将场所精神带到新的建筑形式中，从而使人与场所产生精神共鸣。

如西藏的尼洋河边游客中心（图3-9），最吸引人的莫过于通过切削而得出的不规则形状雕塑感强烈的建筑体块以及用当地矿物质颜料涂

图3-10 日本丰岛的丰岛艺术博物馆，现代的白色曲面混凝土结构和当地环境产生有机联系。

刷的色彩缤纷的石墙。厚重的建筑形态呼应了周围环境；红、黄、蓝的色彩强化了空间。这一建筑用现代设计手法，对西藏文化中的符号进行重新结构，将历史、人文和景观连接成一体，体现出一种对西藏文化元素以及当地自然风情的尊重。

再如日本丰岛的丰岛艺术博物馆（图3-10），是一座白色曲面混凝土结构建筑，整体看又像是一滴水滴。在设计上的一些细节处理如雨水顺着墙面滑落到地面的雨水池、低低的天花板以及自然曲线让建筑看起来像户外景观的一部分，建筑的开敞结构让人仿佛漫步在开放的天空下，现代建筑形式与当地环境产生了有机的联系。

（6）巨型包络体

许多建筑明显地分内、外双层结构体系，内层为了满足功用要求采用传统的钢筋混凝土或钢材围合成几何型形体；外部罩一个新结构、新材料与新形态的巨型网络，将内部比较零碎细小的体量统一在外部的整体网络之中，这就使得建筑空间形态获得更大的自由度。

① 膜结构建筑

这是一种全新的大跨度空间建筑形态,可以制造出自然般的浪漫空间。在北京奥运会游泳馆(水立方)的设计中,建筑内外空间都采用了ETFE(四氟乙烯)膜材料,对一种变化丰富且不失整体感的界面形态进行了从内而外的精彩演绎,使得内部空间浑然一体。

② 短线穹顶结构

"短线穹顶"即结构化表皮(Geodesic Dome),如富勒1967年设计的蒙特利尔博览会美国馆。该建筑是一个直径76米的四分之三球体,建筑的表面是短线穹顶结构,外层为角形的焊接钢管单元,内层为六角形的钢管网络,内外层网格之间由无数透明的塑料微型穹顶密封,具有复杂而良好的光学品质。富勒的短线穹顶将建筑的支撑结构和围护界面整合成一层表皮,建筑空间内部没有多余的结构构件,从而保证了空间的完整性和统一性。其轻盈的结构体系配合透明的玻璃材料,使整座建筑犹如一个晶莹剔透的水晶球,仿佛建筑变成了透明的物体。

③折板结构

横滨港国际客运中心码头采用箱型梁和折板结构结合的结构形式，设计了一个可以接收从城市和海上来的人群的入口，并且为每一路人群都设计了各自的路径，每一路径都和城市的一部分相连，而且每路人群

图3-11　奥地利茵斯布鲁克的 Nordpark 铁路站台采用了鞍形的薄壳结构，达到了结构与建筑界面形态一体化的设计效果。

都可以通过各自的路径到达建筑的任意表面。这座码头的地面、墙面和
屋面没有严格意义上的区分，而是结合在一起的整体，它们相互穿插、
交汇，界限相对模糊。利用一种可循环形态，使码头成为城市空间中地
面的拓展，并且创造出变化丰富的建筑内部空间效果。

④ 薄壳结构

2007年建成的奥地利茵斯布鲁克的Nordpark铁路站台（图3-11）
是扎哈·哈迪德于2005年设计完成的。前后翘起的形体关系使车站像
一座瞭望塔，支撑屋面的墙体占用较小的空间，使得车站内空间尽可能
多地向前方的景观面展开。此方案采用了鞍形的薄壳结构，很好地契合
了建筑形体，达到了结构与建筑界面形态一体化的设计效果。

2. 建筑形体组成规律的体验

建筑一般由若干不同部分组成，这些组成部分之间既有区别又有
内在的联系，通过一定的规律，组成不同的建筑形体特征，会使活动于
其中的人们产生不同的心理体验。

（1）形体的统一

建筑形体设计要整齐、简洁、有序而又不至于单调、呆板，才能使人感受到建筑形体既丰富而又不杂乱无章。

可通过简单的几何形状求得统一。圆柱体、圆锥体、长方体、正方体、球体等这些基本形体很容易给人以明确统一的印象，很自然地能取得统一的效果。如圆球形的1967年蒙特利尔世界博览会美国馆、圆柱形的巴黎联合国教科文组织总部冥想之庭，简单的形体能给人以绝对的存在感。

对简单的几何形体进行变形处理，会给建筑形体带来新的趣味性。如吉巴欧文化中心的基本体块，从各个方向向外鼓出，使外表面成为曲线和曲面，规则的几何形体因此具有了生长感。

利用轴线处理求得统一。如中国革命历史博物馆，利用中央主轴线的高大空廊将两翼对称的陈列室联系起来，通过两翼对空廊的衬托，既突出了主体，又创造了一个完整统一的外观形象。

以低衬高求得统一。如荷兰希尔佛逊市政厅，利用两个长方体，一个直立、一个横躺，高直的体量必然处于支配地位，用矮长的体量以低衬高突出主体。

以形象的变化求得统一。如悉尼歌剧院，一组如风帆的弯曲形态成为建筑的主体形象，引人注意，更易激发人们的兴趣。

（2）形体的主从

在建筑形体设计由若干要素组成的整体中，每一要素在整体中所占的比重和所处的地位都会影响到整体的建筑感受。对称形式的建筑按轴线来安排各个部分，一般主要轴线上安排的建筑都是明显而主要的部分，更为突出。如北京故宫建筑群，处于轴线上的三大殿成为建筑群的主体。

近现代建筑由于功能日趋复杂或受地形条件的限制，多采用非对称形式，次要部分依附于主体，即把主体的大体量要素放在中央突出的位置，把其他要素放在从属地位，利用对比手法使主从之间相互衬托，突出主体。这种对比手法可以用在体量之间、线型之间、虚实之间、质感之间、色彩冷暖浓淡之间、轮廓线的明暗和繁简之间等，以突出主体。如北京民族文化宫的设计，就是在对称布局居中的高体量和两侧的低体量之间、在门窗洞、空廊与实墙之间以及蓝绿色的琉璃瓦和乳白色面砖之间形成一系列对比关系，使建筑形体主从关系分明又完整统一。

（3）形体的对比

建筑元素（材料、色彩、明暗、体量等）中两种以上不同元素差异显著时就会形成不同的表现效果，称为对比。对比强烈，则变化大，重点突出；对比小则变化小，易于取得相互呼应、协调统一的效果。对比手法可以增加建筑的变化趣味，避免单调、刻板，以收到丰富的感官效果。如巴西利亚的国会大厦，在体型处理上利用竖向的两片板式办公楼与横向体量的政府宫形成对比，上院和下院一正一反两个碗状的会议厅形成对比，加上整个建筑体形的直与曲、高与低、虚与实的对比，给人留下强烈的印象。这组建筑还充分运用了钢筋混凝土的雕塑感、玻璃窗洞的透明感以及大型坡道的流畅感，不同质感的材料形成对比，协调了整个建筑的气氛。

当建筑形体中的差异不显著时，形成微弱的对比，即微差。

（4）形体的均衡

均衡主要指建筑物各部分前后左右的轻重关系组合起来给人以安定、平稳的感觉。在建筑形体表达上，有对称均衡和不对称均衡之分，有静态平衡和非静态平衡之分。

对称均衡是最简单的一类均衡，以中轴线为中心并加以重点强调，两侧对称，容易取得统一完整的效果，给人以端庄、雄伟、严肃的感觉，常用于纪念性建筑或者其他需要表现庄严、隆重的公共建筑，如北京人民大会堂。也有一些非纪念性建筑如美国旧金山现代艺术博物馆的设计，也是通过轴线对称、中心强调，体现出建筑的均衡稳定。

受功能、结构、材料、地形等各种条件的限制，或者要求建筑体现灵活、自由的性格，可以选择不对称均衡的体量组合设计方法。不对称均衡是将均衡中心（视觉上最突出的主要出入口）偏置于建筑的一侧，利用不同体量、材质、色彩、虚实变化等达到不对称均衡的目的。与对称均衡相比它显得更为轻巧、活泼。如日本山梨县中心医院采用大雨篷、入口门厅宽敞明亮的落地窗等设计突出均衡中心，并以一侧高而窄的垂直体量和另一侧低矮的水平体量相平衡，取得了不对称均衡的效果。

静态平衡追求一种安定、平稳的感觉，但有很多建筑是依靠运动来求得平衡的。在空间形体型的表现中，营造某种"态势"，构成稳定中的"动态感"，形成静中有动、动中有静、有方向性、使得建筑造型生动活泼的气氛，这种形式的均衡称为非静态平衡，也称动态平衡。如美国的肯尼迪国际机场 TWA 候机厅，似大鸟展翅的形体，表现了建筑形体的稳定感与动态感的高度统一，体现了一种静中求动的建筑形式美。

（5）形体的稳定

建筑形体的稳定指的是建筑物上下的轻重关系给人以安全可靠、坚如磐石的心理感受。可以通过体量层次的向上收缩或材料的性质、表面的粗细、色泽来表现建筑的上轻下重感；也可以通过底层的扩大、水平线的划分以及建筑构件尺度的变化形成稳定感；或通过光影和色彩轻重的处理收到稳定的效果。如芝加哥西尔斯大厦分段上收，呈现出拔地

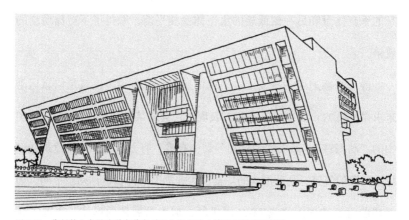

图3-12　像倒转金字塔的得克萨斯州达拉斯市政大楼呈现的稳定效果。

而起耸立向上的动势，体现了结构的稳定性。

　　而随着现代新结构、新材料的发展，人们的审美观也在不断变化。近代建造了不少底层架空式建筑，这类建筑利用悬臂结构、粗糙材料的质感和浓郁的色彩加强底层的厚重感，同样收到稳定的效果。如贝聿铭设计的得克萨斯州达拉斯市政大楼（图3-12），这座像倒转金字塔的建筑倾斜面有34度，楼高7层，每一层比下面一层宽2.9米，但也取得了稳定的效果。

（6）形体的韵律

韵律是有规律的表现和有组织的变化，是体量和构件组织的表现形式，给人以美的感受。韵律的急促、缓慢、活泼与沉重，可以引起情感上的紧张、肃穆、兴奋与忧郁的感觉，并引发延伸、连续之感。韵律有连续、渐变、起伏、交错等组织方式。

如保罗·安德鲁设计的印尼雅加达国际机场候机楼，采用反复使用简单的居住形态的方法，俯瞰候机楼可发现，以中央大厅为重心，整个建筑群均匀分成三组，每一组由几座红色瓦面屋顶建筑组成，各单元以廊道相连，有规律地重复出现，产生了连续的韵律感。

又如伦佐·皮亚诺设计的 Tjibaou Cultural Centre，运用木材和不锈钢组合的结构形式继承了当地传统民居——篷屋的特色，同时巧妙地将造型与自然通风需求相结合，体现了地方性；10 个平面接近圆形的单体顺着地势展开，根据功能不同分成三组并以低廊串联，从水面望去，这组建筑形体相似，高矮不同，形成高低错落的渐变韵律。

再如高迪设计的米拉公寓，建筑立面由连续不断的波浪形石材表面构成，整个立面上没有一根连续的直线，水平皱褶取代了传统的檐口，配上平台、阳台及窗户等形成的孔穴，使建筑立面像流淌中骤然凝固的岩浆，充分表现了起伏的形体所呈现的流动的韵律美。

再如帕拉迪奥设计的巴西利卡的建筑立面，使各种不同的体量、构件纵横交错、相互穿插，呈现出交错的韵律感。

（7）形体的比例

比例是建筑造型中建筑各部分及人与物间的相互关系。建筑形体处理中的比例一般包含两方面概念：一是建筑整体或它的某个部分本身的长、宽、高之间的关系；二是建筑物整体与局部或局部与局部之间的大小关系。良好的比例能给人以和谐、完美的感受；反之，比例失调则无法使人产生美感。

最早记录于公元前6世纪的黄金分割比为1∶1.618或者1∶0.618，被认为是自然界及人体中十分优美的固定比例，其严格的比例性、艺术性、和谐性蕴藏着丰富的美学价值，能够引发人们的美感，被认为是建筑和艺术中最理想的比例。无论是古埃及的金字塔还是巴黎圣母院，或

图 3-13 布拉格尼德兰大厦体现了新建筑尺度与老建筑的统一。

者是近代的法国埃菲尔铁塔、古代希腊雅典的帕提侬神庙，都是黄金分割比应用的典范。古希腊柱式比例也参考了人体之美，如稳重、粗犷的多立克柱式、优雅的爱奥尼亚柱式、窈窕的科林斯柱式。

在现代建筑设计中，也有很多建筑师追求数学和几何完美的一致性，例如现代著名建筑大师勒·柯布西耶，其设计的萨夫伊别墅没有西方古典建筑形式的比例关系，而是紧密地结合功能特点，自然地显示出大尺度的体量。在横向划分与竖向划分的体量中，细部尺度处理得当，使整座建筑造型异常敦实有力。再如弗兰克·盖里设计的布拉格尼德兰大厦（图3-13），充分体现了新建筑尺度与老建筑的统一。

（8）形体的性格

建筑形体的性格是建筑功能在形象上的体现及其给人们的感受。建筑性格表达的是建筑内容、气氛与它引发的联想，是人们对某种建筑形象长期接触之下形成的某种固定概念。不同类型、不同功能的建筑，其表现出的性格是不同的。恩格斯曾对各时代建筑形象作了极其精辟的比喻："希腊建筑如灿烂的阳光照耀的白昼，伊斯兰教建筑如星光闪烁的黄昏，高直建筑则像朝霞。"生动地形容了这些不同时代、不同风格的建筑形象给人的不同感受，它们所具有的不同表现力。希腊建筑表现了明朗愉快的情绪，伊斯兰教建筑表现着忧郁，高直建筑表达了神圣的意义，这正是建筑形象的性格表现。

某些建筑反映了象征意义的某些形象，表现出建筑的性格和造型的感染力。如美国纽约肯尼迪机场环球航空公司候机楼，它的外形如大鹏展翅，形象地将候机楼的性质 —— 等待起飞展示在旅客眼前。

利用建筑空间语言可以表达建筑性格。如丹尼尔·利伯斯金设计的柏林犹太人博物馆，呈一定角度的直线形成折线，曲折迂回；沉重的黑色调、割痕一样的材料肌理；入口深入地下，光线从明到暗；四周光秃秃的混凝土高塔；墙上一排小孔 …… 设计者营造了黑暗中冰冷、杀机四伏的空间，让观众体验到犹太人在纳粹集中营所经受的绝望、恐惧和挣扎。

二、建筑空间体验设计的材料运用

建筑空间氛围的营造离不开建筑材料的合理运用与更新。建筑在满足功能性、技术性的前提下，对材料艺术性的追求正是建筑设计展开无限可能的重要途径之一。要了解材料自身的物理性能，更要了解材料对人的感官的作用，了解它们对包括视觉、触觉等在内的综合感官体验发生作用的特点。

如彼得·卒姆托、伊东丰雄、赫尔佐格与德梅隆、妹岛和世等的设计作品都体现了对建筑材料的关注，通过建筑材料设计，来表达空间情感。赫尔佐格与德梅隆从"体量"转化到"立面"，利用材料为建筑做出性格迥异的表皮，以展现人类的多样性和社会的丰富性；伊东丰雄通过"透层化"追求一种界线模糊、体态轻盈以及漂浮和朦胧的精神体验；妹岛和世对半透明空间和光线敏感暧昧性的不倦探索等，都体现了一种着重运用材料进行表达的设计意念。彼得·卒姆托通过对材料特性最精致的刻画，淋漓尽致地表现出"他对建筑物流露出的最终空间印象的巧妙控制"；妹岛和世的建筑空间往往是纯粹、朴实的，但在平静朴实的外表下却隐藏着设计师对材料创新性的表达，运用丰富的材质，追求一种抽离重量的飘逸感，把人们从对建筑空间的惯有体验和透视观感中解放出来。她对透明玻璃、磨砂玻璃、贴膜玻璃的独到运用，使人从建筑物内观看外面的景物有一种陌生、虚幻和变形的意味，一种欲言又止的暧昧，充满日式的精致与淡淡的惆怅。在这些建筑师的设计下，材料具有了与使用者关联的体验性。

材料与空间体验的关系，就是在建筑空间中以材料的质感，通过光泽、纹理、肌理、纹样等体现的稠密、疏松、精细、粗糙程度等刺激人的视觉、嗅觉、触觉等感官，引发人的情感体验，对人产生心理影响，引起建筑体验者心理深层的共鸣，进而体验令人愉悦的建筑之美，营造有场所感的空间，强调在设计过程中材料感知的重要意义。不同的建筑材料有不同的质感表现，形成的空间气氛不同，对使用者的体验影响也不同。

1. 夯土

夯土建筑又称生土建筑。夯土是原生态的建筑材料之一，也是被人们最早使用的建筑材料。夯土建筑随地取材、建造方便、实用坚固，延续了原场地的地域特征，易引发自然的亲切感，突出了建筑与大自然及场所环境的融合。

（1）夯土的色彩和质感营造建筑表皮

土料本身的色彩与质感和夯土的"夯筑"和"版筑"这两种施工技术留下的印迹，共同决定了夯土建筑的表皮特性。夯土表面呈现出的水平向类沉积岩的纹理感、土料经人为的夯实后呈现出的分层肌理以及因夯土模板尺寸限制在墙体上留下的分版缝，都能令使用者在建筑中体会到传统建造技术蕴含的匠意和强烈的文化传承感。

（2）现代技术营造建筑肌理

现代夯土技术引进了土壤固化剂，使原本只依靠土和树枝结合夯实的生土夯土墙提高了强度，还不怕水的侵蚀浸泡，不怕冻融和风的侵蚀，大大增强了夯土墙的承重能力和延长了使用寿命，在各类建筑中被广泛使用。

现代夯土墙受建造工艺的影响，产生水平方向的均匀肌理，如线性元素般具有导向性。如在Vineyard Residence House项目中，带有连续水平线条的夯土墙体，本是常规的隔墙，但看似无意的水平线条走向结合另一片墙体所形成的空间，很好地将人的视野导向特定的室外景观。

运用现代化夯土墙技术实现建筑的改良构筑。如王澍设计的水岸山居，这里的夯土墙全部是土和沙，土、沙、水的配比是在实验室通过实验研究得出的最佳配比。

（3）夯土材料的环境自适特征

夯土墙体材料自身不加修饰的色彩和肌理与周围的环境非常接近，对环境的影响很少，是一种尊重环境的设计，显示了根植于场地的象征意义。如隈研吾设计的日本安养寺木造阿弥陀如来坐像美术馆，沿用了周边环境中现存的一段传统夯筑土墙，建筑三面用预制的夯土块砌成，在面向安养寺的一侧，为了使人们从寺院中可以透过玻璃参拜佛像，建筑全部采用现代材料玻璃，传统夯土技术在这里得到全新的"诠释"，建筑仿佛从基地环境中生长出来，成为带有回忆色彩的清爽、通风透气的场所。

2.木材

木材是当今优良的建筑材料，具有易于取材、质轻、强度高、弹性韧性好、木纹及色泽美丽、易于上色和油漆、热工性能好、容易加工等优点。但木材也有构造不均匀、各向异性、使用中易受环境影响、易腐易蛀易燃、易裂和翘曲、需要维护、使用寿命短等缺点。

（1）木材的人情味

从活着的树木到加工成人工产品，木材影响着我们感官的方方面面：听觉（粗木有无法忽视的吸收特性）、嗅觉（北方木屋中，散发着松木的清香），当然还有通过多种途径的视觉与触觉刺激，木材能唤起人们对历史、自然的联想。

（2）结构的表现力

木结构建筑是单纯由木材或主要由木材承受荷载的结构，通过各种金属连接件或卯榫手段进行连接和固定。托马斯·赫尔佐格设计的汉诺威世界博览会木结构大屋顶是一件具有震撼力的木结构作品，这个大屋顶一共由十个伞状结构单元组成，每个单元的木支撑塔由四根木柱与钢材连接件共同组成，四根620米长的木柱由直径约为7毫米的去皮银杉木制成，上宽下窄；32吨重的钢帽扣在木塔上面，四根悬浮的桁架式木梁与它相连，并由它支撑和固定。这一木结构远远超出了我们对木材建筑形象的想象。

（3）木瓦的使用

将木材加工成木瓦，其形状有很多选择。直角变形木瓦、三角形木瓦、半圆鱼鳞形木瓦等。如彼得·卒姆托设计的圣本尼迪特小教堂，外表面采用当地常用的一种木材做成叠压的木瓦，大约分成三种不同的宽度，以防表面过于均匀。木瓦以鳞片的方式排列，木瓦受雨水和阳光照射的影响呈现出不同的颜色。由于下雨后木片晾干的时间不同，向阳面容易干燥，依然保留部分原来的木色；而背阴面潮湿时间长，渐渐变成了灰色。

（4）木材纹理的利用

木材表面往往纹理流畅、光晕柔和、丰富多变、温暖柔韧。不同树种木纹理迥异，疏密相间的年轮记载了自然环境的变迁及树木的生长历史。如彼得·卒姆托设计的圣本尼迪特小教堂，水滴状的平面形状，木材表皮在阳光照射下逐渐变深，朝南面变成黑色，朝北面则变成银灰色。彼得·卒姆托利用木材这种传统建筑材料，用朴素的设计语言，创造了充满人情味和鲜明地方特色的空间。

（5）木材表达生态设计理念

如吉巴欧文化中心由十个单体组成，共有三种大小。这些类似山间木屋的曲线型构筑物，全都由木桁架和木肋条建成，建筑外壳上的开口用于吸纳海风，或者用于导引建筑所需的对流，气流由百叶窗进行调节，当有微风吹来时，百叶窗就会开启让气流通过，当风速变得很大时，它们又会按照由下而上的顺序关闭。再如彼得·卒姆托设计的汉诺威世博会东展区的瑞士馆，将锯好的木材以最简单的方式干垒成架空的木材壁，在固定木材时没有使用角铁之类的建筑部件，而是用卯榫直接固定，高度为9米，做成纵横交叉的3000平方米的迷宫。在博览会结束之后，木材可以再运回瑞士重复使用。这一建筑完全打破了我们通常的空间展示概念，充分体现了"生态"主题。

3. 石材

石材具有经久耐用、利于就地取材、便于加工的特点，同时石材本身具备变化多样的材料质感和肌理，在建筑设计中得到大量的使用。

与其他材料不同，石材历时越久越容易产生沧桑感，它的美感非但不会随时间的流逝而消失，还可以见证悠久的历史，凝聚厚重的历史价值。同时，石材的坚固和冰冷的棱角往往代表着永恒与坚不可摧，故而多被应用于古代重要的建筑物中。如埃及的胡夫金字塔，利用了石材的厚重感，采用简洁几何形，方正垂直，交接简洁，营造出金字塔庄重、威严的感觉。石材还是一种环保材料，不会对生态环境造成污染，废弃的建

图3-14　挪威的莫腾斯鲁德教堂，石块砌筑的外墙与石片饰面的基座使建筑成功地融入自然环境之中。

筑垃圾也可以利用现代技术非常方便地进行处理。时至今日，建筑师们仍孜孜不倦地探索着石材对当今建筑发展的积极意义，并运用各种创意手法，力图赋予石材和建筑更加丰富的内涵。

（1）石材的承重及维护作用

将石材作为砌块层层相叠而构成建筑承重及维护体系，既能够起到良好的围护作用，也是实现艺术效果的有效手段。如位于挪威的莫腾斯鲁德教堂（图3-14），两侧的侧廊和服务区部分的外墙采用石块砌筑，与同是石片饰面的基座连成片，室内看似随意设置的露出地面的岩石代表了自然元素。建筑师模糊了内外空间的界限，利用石块将自然巧妙地引入室内。石材沧桑的色彩和肌理，能够使建筑成功地融入自然环境之中。

（2）石材的装饰作用

石材本身具有丰富的表面纹理、色彩、质感，这种与大地相吻合的肌理和质感可以配合和渲染环境的性格和气氛。如赖特设计的流水别墅，表皮运用了山间的毛石，给建筑以粗糙敦实的感觉。室内大量使用暖色调、质感粗糙的石材，给人以温馨、舒适的感觉。流水别墅与周边山林达到了最完美结合，建筑就如同生长在环境之中一般。

（3）石材赋予建筑地域性内涵

石材的某些特性和人的观念有相通之处，从地方文化和建筑形式中提取出的各种文化"原型"，能引起人心灵和情感上的共鸣。如赖特在1938年和学生亲自动手建在亚利桑那州沙漠地带的红色火山岩上的别墅，采用当地的天然石块叠垒台基，这些石块部分一直延伸至墙壁，保持了天然情趣；巨大的木质构架直插地面，表面略加修饰，让木材的肌理从片片暗红色中透出，强调了一种原始的生命力，与基地融成一体。

（4）不同石材使人们产生不同的心理感受

如彼得·卒姆托设计的瓦尔斯温泉浴场，由中央浴场、室外浴场以及围绕中央浴池的11个小石室组成，全部采用瓦尔斯当地的灰色石英岩和混凝土建造，外观极其规则整齐，使浴场如同生长在山中的巨石。所有的石室都非常封闭，厚重的石墙上仅仅开设狭小的门窗洞口，强烈的空间虚实对比使人们真有穿梭于岩洞的感觉。

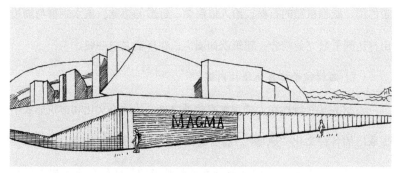

图3-15　Magma艺术和会议中心采用石材表面体现建筑外表皮的构造节点细节。

（5）石材体现了对传统工艺的尊重

第一，石笼墙体技术是在金属丝围成的笼子里面放入石材从而形成建筑墙体，使用这种古老技艺塑造现代建筑外观，使得建筑有了更多的可变性。如赫尔佐格和德梅隆设计的美国加州多纳米斯葡萄酒厂就运用了现代石笼墙体，把当地的玄武岩石材装在铁笼子里，再把它们挂到混凝土外墙和钢构架上，从而形成建筑外墙和屋顶。石块与石块之间的缝隙可以使光线透过，并在室内形成了极其奇妙的斑驳光影，造就了整个外墙变化丰富的性格。第二，从传统石材的叠砌方式到采用混凝土结构和钢结构等结构方式以及干挂等现代施工方法，设计师努力表现石材叠砌的传统形式。如马里奥博塔设计的圣玛丽亚教堂，现代结构和外表看起来就好像是用传统结构方式承重的石砌建筑，体量非常具有雕塑感。

（6）石材的细节处理

石材表面的细节处理如建筑外观的转角、收口等，体现了建筑外表皮的构造节点细节。如AM建筑事务所设计的Magma艺术和会议中心（图3-15），在材料的运用上，整个建筑所采用的混凝土都混入了特内里费岛特有的火山岩石灰石，这种石灰石材质边角有45度倒角，使得顶板和侧板衔接得十分紧密，这种衔接处理方法也使得建筑外观浑然一体。

（7）现代技术影响下的石材

随着现代技术的更新与发展，石材的使用呈现出加工精确化、轻薄化和复合化的发展趋势。第一，对大理石进行精心细致的切割，打磨得很薄，使其变成类似于毛玻璃的半透明材料，这种处理将石材从传统意义上的建筑材料中解放出来，赋予其新的功用，甚至可以作为采光材料来使用。如隈研吾在莲屋设计方案中，多层芦野石的厚平板在墙上形成多孔状，并置这些板层得到一些空缺，自然光可以从这些白色带蓝纹的卡拉拉大理石薄板间照射进来。邻近水池的连续墙壁被指定用同样的材料来创造一种透明效果。第二，由含有各种混合成分的黏土烧制人造石材模拟天然石材的品质。Wandelho efer Lorch 和 Hirsch 设计的德累斯顿新犹太人教堂，高耸扭曲的结构用自然岩石构建是很困难的，经过选择和试验，设计师最后采用了一种合适的混凝土构成的人造石块，既符合了这座犹太教堂复杂、弯曲的结构要求，也保持了城市形象的连续性。

4. 玻璃

玻璃是一种极具特色的材料，它清澈明亮，质感光滑坚硬而易碎，具有透射、折射、反射、隔热、保温等多种物理特性，特别是经过铸膜、压花等工艺处理后拥有神秘的半透明质感，喷砂、酸蚀刻玻璃具有纹理深度，使人们产生不同的体验。

（1）玻璃物理性能的利用

利用玻璃的物理性能如透明、反射、折射等，可以使空间具有丰富而奇妙的"表情"。

① 透明

高度透明的玻璃能够提供清晰的和无阻碍的视线，使得人们可以从建筑外部看到建筑内部的装饰、结构以及空间布局，建筑物以外的美景也能被带到空间内部，使得建筑物本身的结构和周围环境可以完美融合；在建筑空间中可以减少视觉上的层次感和建筑物的封闭感，给人带来一种剔透、洁净和自由、开放的视觉体验。

② 折射

玻璃的折射性，可以使玻璃通过将表面的自然光线折射到其他地方，使建筑空间产生不同的色彩以及光影变化，营造色彩斑斓的效果，给人不一样的空间氛围感受。如罗浮宫扩建项目的玻璃金字塔，通过水、玻璃和光线的交融，形成了一定角度的强烈折射，进而达到与周围环境完美统一的效果。

③ 反射

利用玻璃透光、反光的特性可产生温室效应，能综合利用太阳热能和自然采光，在仿生建筑中有独特作用。

（2）玻璃材料极具表现力

①玻璃材料可以营造光影效果

玻璃材料可以通过其独特的光传输性能和折射性能，借用光与影所产生的效果来影响和装饰建筑物的内部空间和外部形体，由此获得其他建筑材料所不具备的特殊视觉体验。

②玻璃材料还有独特色彩效果

透明的玻璃材料通过自然光线的照射，会呈现出五颜六色、色彩缤纷的面貌，折射到建筑物或者建筑空间中，使得建筑空间异彩纷呈。

③玻璃材料还能呈现肌理效果

将熔融状态下的玻璃液体急速冷却，再用带有图案的模具压制而形成表面高低不一的玻璃材料，入射光线会产生漫反射，使得玻璃材料可以透过光线，但是不能透过它看事物，所以外界无法透过玻璃看到空间内部，从外射入的光线可以使得空间内部光线柔和。

④玻璃材料具有装饰效果

玻璃材料的表面装饰变幻多姿，在光的作用下展现出不同的艺术风格，如传统、现代、复古、时尚等。如教堂的彩绘玻璃窗，通过阳光的照射，使得教堂内部色彩斑斓，让教堂看起来就像神奇的仙境一样。

（3）玻璃在建筑不同部位的运用

玻璃在建筑各个部位的运用，可形成出人意料的视觉效果和独特的空间意境。

①用玻璃作结构承重材料

玻璃虽易碎，但在一些室外或小型建筑中，直接用玻璃作结构承重材料可以给空间完全的透明性。如建于东京国际会展中心的地铁出口，是一个完全以玻璃材料为结构构件的建筑物，轻巧通透。除了室外构筑物外，玻璃也可用作室内空间的结构承重。

②玻璃幕墙

玻璃幕墙最大限度地将大面积玻璃墙面的适明性展示出来，同时又使墙面具有整体性和艺术感。

③ 玻璃屋顶

如温哥华法院联合大楼，倾斜的巨大屋顶采用了玻璃材料，为使用者提供了户外的感觉和开放的视野，很多法庭、审判室都阳光普照，消除了人们心理上压抑的感觉。

④ 玻璃构件

表达空间气氛的玻璃构件，如楼梯、安全玻璃隔断、玻璃栏杆、玻璃指示牌、玻璃标志、玻璃柱等在现代建筑中有广泛的应用。伦敦服装设计师瑟夫·埃迪古尔的店铺利用玻璃做楼梯，玻璃特有的通透性，给楼梯带来不同的空间演绎效果，既突出了视觉感受，又使室内空间充满活力。

⑤ 玻璃墙

玻璃墙消解了墙的屏障，使建筑立面变得开放，又使空间可以在视觉上连续。在德国国会大厦的改建中，设计师通过与历史式样相似的骨架体系，把透明玻璃界面与原有建筑融合，表达了对建筑文脉的呼应，以鲜明的时代特征实现了建筑的形态更新。

（4）玻璃体现建筑"传统"

如Jean Nouvel设计的阿拉伯研究中心，其金属格构架将玻璃分为
小的矩形，每个矩形内控制光线入射量的装置被设计成伊斯兰文化的传
统六边形图案。从外观看起来，复杂的花纹图案极富传统特色，又具有
现代的控光功能，是传统形式的现代演绎。再如盖里设计的布拉格尼德
兰大厦，老建筑是巴洛克风格，新建筑是极富动感的曲线型，新建筑
和老建筑之间通过一个透明的上下有收分的玻璃体过渡，弱化了两者
间形式的不同。再如玛柯·艾布斯（Jean Marcibos）和维塔克（Myrto
Vitart）设计的老里尔艺术馆加建部分，将大部分功能置于地下，一部
分小体量以玻璃盒子的形式放置在老馆后方，利用玻璃的反射特性，老
馆的立面以及周围的景致都清晰地映衬其上，整个立面引人入胜。

5. 金属

由于合成高分子工业的发展，铝材、钢材等大量金属材料被用于
建筑中。金属材料安装简便，耐久性能优越，装饰效果良好，还有机器
工艺特有的光泽、精确和力度。

（1）金属饰面的作用

① 金属的色彩

金属板材中不锈钢的涂层技术和铝板幕墙中氟碳烤漆技术可以制造出所有颜色 —— 红、橙、黄、绿、蓝、靛、紫、黑、白、金黄、银粉及仿木纹、仿花岗石、大理石的效果，可借涂料及涂装技术将金属材料变成有生命力的金属幕墙。如 F.盖里在西雅图的"音乐体验工程"中应用了大量的彩色金属板，红、绿、紫、黄色等自由体量穿插在银白的展厅之间，彩色金属板增添了建筑本身的色彩魅力，金属闪闪发光的外壳更为整个城市增添了动感和活力。

② 金属的质感

金属材质所独有的表面质感带有极鲜明的时代特点和工业文化的特征，它简明、明快、洗练、冷漠、富于空间感与力度感，有明显的工业生产的痕迹。如毕尔巴鄂古根海姆美术馆的设计，采用自由形体和闪闪发光的钛金属板，板材镶嵌得随意而精密，板面处理极为光滑，富于动态的质感和扭曲的造型相得益彰。

③金属的光泽

经过抛光处理的金属板材有镜面一般的反射特性，可以对周围的景物产生直接的映射，同时金属表面光亮与黑暗的对比，也增添了金属的魅力。佐藤设计的日本佐贺县立宇宙科学馆位于自然生态良好的环境中，设计采用了金属饰面，自然景色映衬在金属立面上，极强烈的光影突显了建筑的主题，让人联想到未来建筑的可能形式。

④金属的锈蚀

金属经过时间的洗礼，可产生一种腐蚀风的效果，使得材料携带着时间和历史的气息；而金属黄铜材质不易锈蚀，经过长期使用会自然成包浆，质感强烈，呈现朴实的古拙感和浓浓的旧化感。霍尔在他的设计作品中常使用铜合金材料，这种金属裸露在户外时常泛出红红的铜锈色。

（2）金属材料能表现建筑的创新性

如毕尔巴鄂古根海姆博物馆的设计，由数个不规则的流线型多面体组成，上面覆盖着3.3万块钛金属片，在光照下熠熠发光，与波光粼

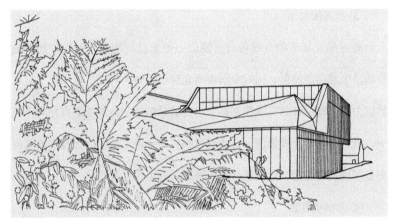

图3-16 法国博蒙阿格小镇的音乐中心以红色金属穿孔板与镜面板及玻璃作为建筑表皮，构成的三角立体造型轻盈如折纸一般，使整个建筑有一种不真实的戏剧感。

邻的河水相映成趣。尽管建筑本身是个耗用了5000吨钢材的庞然大物，但由于造型飘逸，色彩明快，丝毫不给人沉重感。再如法国博蒙阿格小镇音乐中心的设计（图3-16），采用红色金属穿孔板作为建筑表皮，红色电镀钢束和钢网构成的三角立体造型与镜面板及玻璃搭配，轻盈如折纸一般，使整个建筑有一种不真实的戏剧感。

（3）金属结构的设计

① 金属结构外露体现建筑艺术性

如皮亚诺和罗杰斯设计的法国蓬皮杜艺术中心是一座使用暴露的金属结构框架的"工具箱"式建筑。线性的金属构架、金属和玻璃做成的人行梯道、涂刷的设备管道成为建筑立面的主要内容。金属构架特有的节奏反映了全新的设计观念，光洁的构件表面反映了现代工业的高超水平。内部大而散的空间、线性构件、外露的管道和线路、通透的光滑钢骨架构建了空间界面新的肌理秩序，赋予建筑与环境一种尺度感、透明感和运动感。

② 金属结构的数字化

目前较为流行的全透点支式玻璃幕墙以及计算机控制的遮阳板、钢结构的外露桁架展示

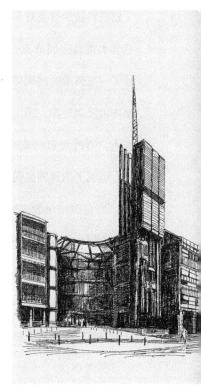

图3-17　伦敦第四频道电视台总部大楼，金属节点令人震撼，充分展示了建筑技术的动人美感。

了建筑科技的日新月异。由理查德·罗杰斯设计的伦敦第四频道电视台总部大楼是金属节点令人震撼的表现（图3-17）。在街道的拐角处设计了一道弧形的玻璃体，两端由圆柱形金属楼梯间和透明电梯结束。玻璃体由竖架支撑，采用钢爪连接。透明的玻璃和金属板相互辉映，光可鉴人。透过清晰的玻璃幕墙，上千个金属节点与杆件相连，复杂而精密，组成了韵律感极强的金属网格，充分展示了建筑技术的动人美感。

③金属结构的建造模式

金属结构突破了传统结构的建造模式，从最初的大跨结构到今天的悬挂和支膜结构，新技术的运用带来了新颖可行的建筑解决方案，充分展现了金属骨架赋予空间的新节奏。金属框架结构通过几根底部排列紧密的支柱便能将全部荷载传递给地基。

6.陶瓷

陶瓷具有良好的防水性、防污性、抗冲击性等特点，其造型多变、釉色丰富、质感多样、纹饰优美的特有属性彰显出独特的文化气息，给人以质朴、稳重、贴近自然的整体感受，越来越多地出现在建筑设计中。常见的有釉面砖、外墙贴面砖、地砖、陶瓷锦砖（俗称马赛克）以及仿古建筑中常用的琉璃瓦等。

（1）陶瓷的建筑装饰效果

① 陶瓷的釉色装饰效果

利用陶瓷材料的釉和色料进行装饰，可以创造丰富的艺术美感，使人在视觉上获得愉悦的审美享受，而且能在不同的色调中，给人以不同的心理感受，是其他任何艺术手段所无法替代和实现的。如巴塞罗那吉尔公园入口处的变色龙和巨型蜥蜴以及波浪形长椅采用马赛克瓷片拼成，色彩斑斓绚丽，让人仿佛置身在梦境之中。

② 陶瓷的绘画装饰效果

以建筑墙体本身为艺术创作的载体，可鲜明直观地展现强烈的时代气息和艺术个性，构建作品表达的内容和情感。如墨西哥国立自治大学图书馆独特的壁画墙是世界级画家和建筑师胡安·敖戈曼绘制的。整栋10层高大楼的四面墙壁都布满了丰富多彩的巨幅壁画，令人震撼。

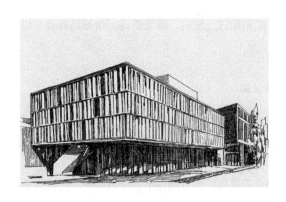

图3-18　美国纽约州立陶瓷
学院Megee艺术馆，未上釉
的赤土陶管拼接而成的陶瓷
立面，排列整齐且疏密不同
富有变化。

③ 陶瓷的肌理装饰效果

利用陶瓷表面的纹理结构、变化即高低起伏、平滑粗糙的纹理变化，可以营造一种意想不到的视觉和触觉效果，同时借助作品与空间形态所传达的信息，能使观者产生一种新鲜愉悦之感，获得开阔自由的联想。

④ 陶瓷的雕刻装饰效果

各种雕刻纹样可形成质朴的类似剪纸或画像砖的艺术效果，创造出可视、可触的艺术形象，形成古朴的艺术感，用以反映社会生活，表达审美感受、情感、理想。

　　陶瓷在建筑表皮中的应用，如陶瓷外墙，不仅为建筑提供了震撼的艺术外观形态，同时也起到了抵抗日晒与风雪的保护功能。如美国纽约州立陶瓷学院Megee艺术馆（图3-18），未上釉的赤土陶管拼接而成的陶瓷立面，排列整齐且疏密不同富有变化。此场馆面积达1.9万平方英尺，而预算仅为550万美元。建筑外立面的设计极具创新意义，既节省了成本又达到了艺术效果。

　　（2）建筑陶瓷蕴含着人文精神

　　现代技术的应用增加了陶瓷砖的规格，并创造出各种各样的模型表面，改变了栅格系统，结合数字印刷技术、照相晒版、装饰和成像技术，在大尺寸陶瓷砖的二维和三维形式上，开创了新的艺术领域。英国的罗伯特·道逐森采用丝网印刷工艺，将几何图案转印到瓷板上，通过不同组合方式给人一种幻觉和错觉，利用不同视角使所看到的景象更加丰富。

7. 混凝土

混凝土具有坚固、经济、结构性能好、可塑耐久性较好、结构建成后维护费用较低的优点，表面可被赋予多重表情，是一种可最大限度传递设计师情感偏好的建筑材料，能塑造具有巨大表现力的作品：既可以造就大手笔的凹凸粗犷的肌理，像早期柯布的粗野主义作品；也可以表达质薄如纸的轻盈飘逸感，像安藤忠雄的作品。

（1）混凝土的结构美

① 混凝土的结构表现力

混凝土结构具有厚重坚实感，如奈尔维设计的罗马小体育宫，屋顶是由钢筋混凝土肋组成穹顶，并有1600多块菱形板拼装而形成穹顶屋面，外露的穹顶结构构件粗壮有力，充分展示了混凝土的结构表现力，也体现了体育建筑的力量感。

② 混凝土的可塑性

通过预制装配或是现场浇筑，混凝土可以塑造成各种形态，给建筑形象的塑造提供了极大的发挥空间。如勒·柯布西耶设计的法国郎香教堂，自由曲线形的钢筋混凝土顶部和墙面，形成粗壮敦实的体块。

③ 混凝土的艺术美感

特殊的混凝土结构的发展，能够创造特殊的艺术美感。如伊东丰雄的多摩艺术大学图书馆，利用钢筋混凝土拱形结构构成随机排布的大小不一的大空间，为使用者提供了一个仿佛走在童话森林里的公共开放空间。

④ 用混凝土结构做表皮

如伊东丰雄设计的东京表参道TOD' S分店，受到表参道上榉树的启发，表层用混凝土浇筑若干棵榉树的抽象图案，既是建筑的表皮也是结构构件。

（2）混凝土的形体美

① 利用混凝土材料表现建筑的重力感

如西班牙雷阿尔城的 Valleaceron私用小圣堂，通过反复折叠和剪切的折纸形态构成多个不规则几何多面体形式，烘托了教堂的神圣气氛。

② 利用混凝土材料表现建筑形态的柔性

如胡斯特·加西亚·卢比奥建筑事务所在西班牙卡塞里斯设计的卡萨德·卡塞里斯地区汽车站（Casar de Caceres Bus Station），车站的地上部分是两片不规则白色混凝土拱形结构，轻而薄，表现出建筑的灵动和优雅，呼应了车站的人流流动。

（3）混凝土的空间美

① 塑造层次丰富的空间

如安藤忠雄设计的京都府立陶版名画庭园，利用清水混凝土材料，创造出层次丰富、形象多样的空间形象。混凝土的质感表现与自然环境有机地结合在一起，恰当地衬托出绘画的意境。

② 清水混凝土建筑统一、均匀的表面成为光影表现的舞台

如安藤忠雄的光的教堂就是利用厚重混凝土墙上的十字窄缝使光透射昏暗素净的混凝土教堂内部，形成庄严神圣的气氛。

（4）混凝土的材质美

① 混凝土的光滑质感

如巴塞尔建筑师 Morgere & Delago 在2000年建造的列支敦士登美术馆，采用混凝土集料包裹破碎的黑色玄武石，小颗粒的绿色、红色、白色的莱茵河砾石混合黑色水泥，现场浇筑了高8米的混凝土墙，然后进行打磨和抛光处理，光滑的表面映衬着蓝天白云、远山近树，随着时间和天气的变化而变幻。

② 混凝土的精细质感

如安藤忠雄设计的小筱邸，阳光照射在光滑平整的混凝土墙壁上，产生了丰富的光影变化，由于其表面非常光洁细腻，在柔和的漫射光的作用下仿佛罩了一层朦胧的光晕，软化了冰冷僵硬的混凝土墙面，使人产生触摸它的冲动。

③ 混凝土的粗糙质感

如勒·柯布西耶设计的拉·图雷特修道院，粗犷的混凝土体量，留有模板痕迹的清水混凝土保留着自然质朴的痕迹，与修道士们简朴清

图3-19　久慈市文化会馆，清水混凝土的外墙面上装饰性地点缀着不规则、无序布置的钛板，钛板反射出周围环境的一些片段，丰富了混凝土大片外墙的表现力，与环境更好的融合在一起。

贫、与世隔绝的生活方式相呼应。

　　④混凝土的拓印功能

　　如日本大分县中津市郊的风之丘火葬场设计，混凝土墙面利用拓印手法制造了木纹的质感，在光线的作用下显得质朴自然，充分表达了肃穆安详的环境氛围。

⑤ 与异质材质的共生

如黑川纪章建筑都市设计事务所设计的久慈市文化会馆（图 3-19），清水混凝土外墙面上装饰性地点缀着一些不规则、无序的钛板，在阳光的照射下变成暖灰色，使人觉得亲切自然。钛板的反射性使其映衬出周围环境的一些片段，丰富了混凝土大片外墙的表现力，使其与环境更好的融合在一起。

⑥ 混凝土的多样质感

利用混凝土表面丰富的质感形式表现空间的变化。如加拿大战争博物馆的设计，建筑形体水平舒展，建筑外立面和室内墙面用自由随机的粗糙模板，纪念大厅里混凝土表面光滑干净有序，多种质感的混凝土表面表现了破坏、生存、复活、改造和生命的不同序列形态。

（5）混凝土的色彩美

① 彩色混凝土是添加颜料调成的各种色彩丰富的混凝土

如墨西哥建筑师莱戈雷塔设计的墨西哥城卡密诺莱阿尔旅馆即利

用彩色混凝土材料，一堵橘黄色的照壁，一片红色的花格墙，围成一个宁静的前院，墙面粗糙质朴、质感分明、色彩鲜艳，表现了墨西哥传统特色，富有感染力。

② 灰色混凝土主要依据水泥的种类、骨料的种类和色调调配出从浅到深层次不同的灰色调

如小野正弘的 PLACE青山住宅，室内裸露的灰色光洁的混凝土墙体，体现了生活的安详、宁静，反映了一种日本传统文化精神。

③ 暖色清水混凝土给人以轻快、明朗、贴切的感觉

如法国图尔科技学院科技楼的设计，黑曜石色的混凝土外墙凿毛后再上一层金色碎石料涂层，使混凝土成为带暖色反光效果的暗色材料。灰色基调使建筑以谦逊的姿态与环境取得协调。

（6）混凝土的图案特征

① 混凝土的片段图案

如Ott Architekent设计的奥格斯堡沃尔多夫学院，将树叶铺在模板内，在混凝土表面留下清晰的印迹，红色混凝土表面的叶子图案留住了

秋天红叶飞舞的动态，带给人们温暖的回忆。

②混凝土整体图案

如赫尔佐格和德梅隆设计的德国埃伯斯沃德技工学院图书馆，混凝土立方体表面整体影印图案，结合蚀刻玻璃，共同构成了一件巨大的关于历史记忆的波普艺术作品，吸引了大众眼球。

（7）混凝土建造的时间性

混凝土的拌合、浇筑、凝固、养护过程会对其结构力学性能、表皮观感产生很多影响。彼得·卒姆托设计的 Bruder Klaus 教堂由 112 根从附近森林砍伐来的松木扎成类似帐篷的结构，利用当地一种称为夯实的混凝土技术，就地取材，用当地河里的流沙和白水泥浇筑了教堂外墙，分层浇筑而形成粗糙的水平带状肌理；最后用均匀的火烧掉内部松木模板，留下内部墙壁上熏黑的凹槽和木炭的味道。这一设计充分利用现浇混凝土的建造特征，墙体留着粗糙的浇筑混凝土的一层层肌理和支模板留下的坑，为人们提供了形态、肌理、味道、空间、时间多方面融合的艺术体验。

（8）混凝土的建构与数字技术

运用计算机辅助表现设计师的奇思妙想，凸显了高科技的设计技术。哈迪德事务所设计的罗马Mawi博物馆就运用计算机模型手法，用流畅的线条组织造型，外部雕塑般的混凝土体块、内部流畅的混凝土墙面形成多透视点和零散几何体交错的流动空间，体现了现代生活的丰富性和流动性。

8.砖

砖即以黏土、页岩以及工业废渣为主要原料制成的小型建筑砌块。砖具有易于取材、性能优良、施工方便等特点，其独特的外表和出众的品质，如高超的承重力及耐用性、抗热性，禁得起长期的自然侵蚀，有很好的绝热及隔音性能，同时还具有应用灵活性、可塑性、良好的装饰特性，所以长久以来被广泛地用于建筑设计中。

（1）砖的天然物理属性

砖的自然质感来自砖面自然生成的纹理与微小孔洞的凹凸不平。砖的色泽有从鲜艳的红色、橙色、棕色、棕褐色以及青灰色等，不同色彩给人不同的心理感受。在红砖美术馆中，建筑主体部分用红砖，庭院部分则用青砖"造园"，观者会被统一的红砖色彩和丰富的空间变化打动，又能感受青砖表现出的古典园林的沉静氛围，两种不同颜色的砖表达了不同的美感体验。砖块的空隙和分布形式使得砖墙呈现不同的表面肌理。阿尔瓦·阿尔托在珊纳特塞罗市政厅的设计中，外墙采用表面凹凸不平的砖块，室内则采用质地光滑细密的砖块，砖块表面质感不同，取得一种自然和人工协调的效果。

　　砖作为非承重构件填充墙（表皮），可以进行多样的点、线、面、体的变化组合，给砖建筑设计提供了丰富的可能性。如赖特在他的草原住宅中，为了强调建筑的水平感，在材料上选用了扁长的罗马砖，将水平的灰缝处理成向里凹入式，在墙面上形成深深的阴影；竖向的灰缝被减到最小，并且采用与周边颜色非常一致的色调，这样墙面的水平方向就被生动而自然地强调出来。又如王澍在象山校区的设计中，改变砖块之间的相互关系，适当增加局部砖块之间的距离，形成透空砌筑，在建筑内部形成丰富的光影效果。

（2）砖作为建筑承重结构

第一类表现形式为置层，即砌块一层一层累加，形成层的效果，这主要是通过砖的接缝实现的，如常见的砖墙。路易斯·康在埃克塞特图书馆的设计中，中间是钢筋混凝土结构围合的中庭空间，用来藏书，外层则由承重砖墙支撑混凝土板，作为读者阅览和交流空间。第二类是以拱圈结构实现空间跨越的形式，同样采用砌筑形式，将砖块压力转化为砖块之间的侧压力。如"拱"和"券"的创造，是砖砌块最完美的结构方式。半圆形拱和尖拱是拱券的两种基本几何形态，如路易斯·康在理查德实验楼中设计了砖墙承重和运用砖拱券，让人们感受到强烈的结构秩序，带给人们沉稳、厚重的视觉印象。

（3）砖传达的文化意象及人文特征

砖来自大自然，能给人以亲密感和温暖感。砖从烧制开始就体现出人性特征，它所具有的人的尺度和手工质感使得建筑空间可以触摸，同时以一种优雅的方式承载着时间的痕迹。

9.瓦

瓦是以黏土（包括页岩、煤矸石等粉料）为主要原料，经泥料处理、成型、干燥和焙烧而制成。一般有拱形、平面或半圆筒形等形状。瓦有质感坚硬、不太光滑的表面。

在中国，瓦片是重要的屋顶防水材料，自西周时期沿用至今。由于中国各地文化、建筑形式差异，瓦片营造的美感各具特色，经过时光洗礼独具韵味。

瓦片除了出现在屋顶，还可以用于墙面甚至花园中，它与不同材质重新组合，斑驳错落，构成一幅美丽的画面。

瓦片在园林中可作为点缀收边、铺地、景墙之用，如苏州园林中窗瓦的应用。

瓦在建筑中的运用。如王澍的瓦园，用回收的江南旧瓦，支撑起一片巨大瓦面。一半平铺，一半沿对角线起坡。它既是场地，登临其上，又似屋面，实际上它是一种全新意识的园林，一处沉思与反省之地。用回收旧瓦建造，继承了中国传统中建材循环利用的可持续建造方式。再如王澍的水岸山居，波浪形的黑瓦屋顶，黄色的土墙，水岸山居宛如水乡长廊，又如山地村落，利落的线条和回转的空间，充满现代美感。再如隈研吾设计的杭州民艺博物馆，为了将建筑与景观融合，建筑物的屋顶由一些废弃的屋瓦覆盖，使建筑别有一番当地乡村小镇风情；建筑立面同样使用这些废弃的屋瓦，固定在交织的不锈钢钢丝上。这样的立面帮助控制外部视野，并形成了有趣的室内光影效果。

10. 竹

竹是形态构造独特的植物类群之一，具有很好的观赏特性。同时，竹材的抗拉强度高于木材和普通钢材。防腐技术的发展大大提高了竹材的耐久性。作为一种易获得的天然建筑材料，在科学技术飞速进步的当代，竹材承载着更多的文化内涵，表现出现代与传统并存的审美倾向。

（1）竹材作为建筑表皮展现自然之美

在建筑中，人们一般保留竹材的原始状态，使竹材建筑呈现出朴素的外观，没有过多华丽的装饰，使这一人造要素更好地展现出朴素古拙的自然之美。如在印度尼西亚巴厘岛由建筑师约翰和辛西如娅哈迪设计的绿色学校中，设计师大量使用了当地出产的竹子，对竹子只进行最原始的低技术加工，运用传统方法进行防腐、防虫、防开裂处理，保留竹子原始的粗犷形态，与树叶、干草石材等天然材料相结合，所有建筑材料都取自自然，表现出大自然的豪放，并恰当地与自然融为一体，表现着自然的质朴古拙。

（2）竹材作为结构体系体现技术美学

① 竹材作为框架结构

如BRIO事务所在印度设计的"竹子宿舍"，竹子梁柱构成的"笼子"包裹了整座建筑，是当代可持续建筑的代表。

② 竹材作为悬索结构

英国泰恩河（River Tyne）主桥用25米高的塔门支撑，并用20吨竹子做成部件手工搭建，是悬索结构的代表。

③ 竹材作为拱形结构部件

如印度巴厘岛绿色学校的体育馆即采用竹材拱形结构，两侧双层的竹拱结构支撑着屋顶的重量，以自然受力的曲线形式让室内空间充满张力，通过结构表现出一种与自然之力的抗衡之美。

（3）细致精确的竹材节点杆件

在2010年上海世博会德中同行展馆中，精心设计的钢节点同竹竿和钢索相连，共同组成了一个非常轻盈的结构，表达着精美的视觉效果和机械美学意象。

（4）竹材展现的精神意境

① 竹子因其结构中空、有节、挺拔的自然形态体现着虚心向上的中国传统哲学思想

如在海地太子港地区，Saint Vals建筑设计师在大地震后为当地人重建的住房，建筑外部的竹子结构柱层层向上，表达出海地人在大地震后那种不屈不挠、虚心向上、努力重建家园的精神。

② 竹材建筑将禅宗思想和审美情趣巧妙地融入设计中，传达出东方意境

如隈研吾设计的竹屋，在建筑中竹材外部未加装饰，淡淡的黄色，竹材天然的均匀柔和质感，表现出竹材朴素自然的特性；纯净的茶室空

间，竹子均布形成的缝隙将光线引入茶室内，建筑化有形为无形，隐而不显，以最少的元素创造出最丰富的禅意世界。

③ 天人合一意味的体现

如马可·卡萨格兰在 Cicada 的设计中完全采用竹材，在竹材构成的框架外围包覆了一层较细的竹竿，整幢建筑好似编织而成，显得通透而粗犷。入夜时，建筑外繁星点点，人们可以透过顶部感受大自然的变迁，使人产生一种回归天地的冲动。

11. 多种材料的组合

在建筑中，运用多种材料构成的空间往往比单一材料塑造的空间更感人。用不同材料塑造建筑空间中不同部位的界面，或者表达建筑不同特征的体量，在很大程度上打破了建筑体量与空间界面的高度统一带来的单调和乏味感，形成材料质感的对比与节奏，极大地丰富了建筑空间韵律。

材料构成界面的手段有两种：一是材质协调，也就是通过细微的质感变化创造高度和谐的空间氛围。如利用不锈钢、镜面、光面石材

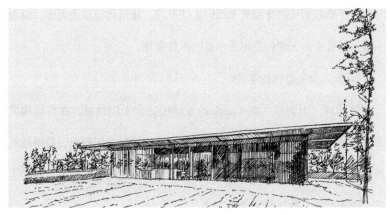

图3-20 昆山悦丰岛有机农场采摘亭，竹木材料与玻璃材料相结合，形成了一种既协调统一又相互完善的视觉体验。

图3-21 比利时的Notariaat住宅，玻璃与红砖结合，是传统与现代的结合、古老与时尚的结合。

等。二是材质对比，对比方法比协调更具视觉冲击力与感染力，更能强化与丰富建筑空间。如石头与玻璃的质感对比、钢铁与织物的冷硬与柔软对比、粗面石材与光面石材的粗糙与光洁对比、石与木的冰冷与温暖对比等。

如赖特设计的流水别墅使用的是当地石材，石材上的浮雕与建筑整体的雕塑感相得益彰；室内的墙壁和地面都由石料覆盖，并与精致的胡桃木家具相配，材料的肌理与质感在这里形成强烈的对比。

再如昆山悦丰岛有机农场采摘亭的设计（图3-20），笔直的竹木材料与玻璃幕墙相结合，使建筑如薄纱般半透明，似有似无，建筑物外面的景物和远方的天际线若隐若现。由玻璃材料制作的门完全敞开时，能最大限度地将建筑的内部空间与农场的自然气息相互融合，四周景物与建筑物相互衬托，就好像建筑物与自然景色融为一体了。具有地域性、传统性以及历史感的竹木材料与轻盈通透的玻璃材料相结合，形成了一种既协调统一又相互完善的视觉体验。

而位于比利时的Notariaat住宅（图3-21）将巨大的玻璃盒子与红

砖建筑体块完美结合，深暗沉重的砖石材料与轻盈虚幻的玻璃材料形成鲜明对比，是传统与现代的结合、古老与时尚的结合。

再如扎哈·哈迪德设计的德国维特拉家具厂消防站，建筑形体由几个现浇混凝土体块穿插组合而成，以玻璃面作为连接过渡，使几个粗犷的体块有机地结合在一起，形成了强烈的虚实对比关系，强化了混凝土作为结构体的力度感。在室外，玻璃的反射投影了周围建筑与环境，透过玻璃人们可以看到室内空间，强化了建筑与环境的关系；在室内，阳光透过玻璃漫射到混凝土墙面上，削弱了混凝土的厚重感和空间压抑感，同时，透过玻璃可以看到室外的美景和建筑形体，让人感觉室外空间延续到了室内。

桢文彦设计的神奈川大学16号馆充分发挥了混凝土与铝材两种材料的特性，在地下一层及首层运用清水混凝土饰面形成三角形台基，台基上的大讲堂则运用柔和的曲面铝板将混凝土墙包裹起来，纤细竖线条的铝合金曲面缓解了僵直的混凝土墙的紧张感，与底下粗糙质朴的基座形成强烈的对比效果，活跃了整个场地的空间气氛。

三、建筑色彩的设计

色彩是一种视觉反应，是光源或物体的反射光射向人眼睛引发的对辐射光能的反应。在各种视觉要素中，眼睛对色彩是最敏感的，色彩也是最能表达设计师个人情感的元素，它可以通过空间关联传达空间精神。

1. 色彩在建筑空间体验设计中的作用

（1）建筑色彩渲染氛围、烘托情感

色彩表现建筑物氛围、烘托情感。人们对色彩会产生心理、生理上的反应，进而引发人们的情感感受，主要是远近、轻重、软硬、冷暖等的对比，通过心理再作用于人的生理系统，进而引发生理变化。如红色能够带给人们温暖感，让人们联想到火焰，能引发人心理上的兴奋，进而引起生理上的脉搏加快、血压升高等；绿色能够让人联想到大自然的花草树木，给人以清新的感觉，让人们感受到平静、舒适、安详；蓝色能够带给人们暗、凉的感觉，使人联想到天空、海洋，给人以心理上的镇静，消除人们的紧张情绪。在建筑色彩运用上，如选用暖色系，建筑的氛围就偏于欢快、温暖；如选用冷色系，则建筑的氛围会偏于庄严、肃穆。

（2）建筑色彩的联想与象征

色彩在引起人的视知觉的同时也能引发人对与该色有关的具体事物的联想，进而产生心理层面的想象，传达出建筑物所蕴含的感情和所营造的气氛，让人们有一种归属感和认同感。如看到红色想起火、血等客观事物，再由此感到温暖、恐怖等情绪。中国古代有严格的建筑色彩使用制度，人们善于用色彩来传递个人和群体身份，也反映出建筑色彩文化的一个侧面。如宫殿、庙宇等礼仪性建筑物使用鲜亮的色彩，皇家宫殿采用黄色琉璃瓦屋顶，象征着至高无上的皇权，宫殿群外的围墙呈红色，象征中央政权；普通百姓住宅则只能使用灰色和白色。

色彩在很多方面被用作象征，例如信号色、警告色、民族性或者制服的色彩。但英国哲学家路德维希·维特根斯坦的研究认为，色彩的象征意义具有不固定性，不同色彩在不同文化中有着不同的意义。如欧洲国家将黑色与丧礼联系在一起，在中国白色则代表着死亡，墨西哥和巴西凭吊者经常穿着鲜艳的服饰，非洲等一些地方人们喜欢穿着红色服饰来保护哀悼者不受邪恶神灵的侵扰。

（3）建筑色彩的空间塑造

① 建筑空间界面的重构与重塑

界面色彩可通过一定的组织变换手段表达各界面的方向位置。如天台博物馆内院，地面土黄色的毛石被周围白色房屋、深色围廊以及蓝色的天空衬托着，使空间具有别样的活泼与动感。

② 色彩塑造空间界面的四维连续

将围合空间用色彩塑造成连续但不封闭的空间的处理方式，使其各自成为对方自然延伸的一部分。如东京 Shinagawa 的 Beacon 办公交流中心，连续的红色界面把整个办公大空间划分成若干小房间，连续的红色界面还是小房间的侧面与顶面，体现了色彩塑造空间的连续性。

③ 改变建筑空间深度

北京天坛西门靠近人的建筑基座部分为红色，凸显了门洞与人的亲近尺度，而檐部及屋顶为绿色，与基座形成分离之势，强调建筑本身的尺度，增加了竖向的深度感。路易·康设计的萨尔克生物研究所中庭无限延伸的空间，法国乌德勒支大学旁的某居住区建筑群都是暖色调，降低了空间的纵深感，使其变得更加有趣。

④ 烘托空间氛围

色彩通过引发以视觉为主的心理感受感知建筑空间氛围的变化。如南京大屠杀纪念馆场地内堆满大量白色卵石，特有的颜色增强了建筑的特殊氛围，营造出肃穆、悲凉之感。

⑤ 划分空间层次

通过不同空间的色彩或空间中不同职能领域的色彩变化来丰富空间层次。如汤桦设计的海口市会展中心方案构思了一条很长的轴线，围绕轴线两边布置多幢建筑，使轴线步道形成狭长的空间。设计者将狭长空间的地面与围合界面用砖红色与其他空间色彩区分出来，从而使该建筑群围绕中间的主要空间，形成了许多辅助空间，层次分明。

⑥ 色彩强化空间秩序

建筑空间除了靠大小、高低来区别，也可通过色彩排列暗示其秩序，营造主次分明或并列的层次关系。

⑦ 色彩的空间引导性

当空间色彩对比强烈时，色彩的刺激就会超过图形的刺激，人们在期待感的驱使下，向着色彩指引的方向前进。美国加州三藩市影视艺术中心入口空间的红色南拥贯穿室内和室外，其地下空间也连接室内外，不仅醒目吸引人注意而且对通过的人具有引导性。

⑧ 色彩的空间过渡性

当人从一个空间向另一个空间转移时，其心理感受会随空间色彩变化而产生变化。如法国 CITE DE LA MUSIQUE 音乐博物馆及音乐厅的红色入口，是建筑内部与外部的分界，同时提醒游客从外部色彩单一的公共空间到内部色彩绚丽的私密空间的过渡。

⑨ 色彩与空间质量改善

里卡德·勒果尔利塔设计的美国南曲拉维斯塔图书馆，建筑形体简洁，运用低价材料，但是空间色彩十分鲜艳大胆，黄色、橙色和粉色墙面交叉组合，再配以热带植物与卵石，使得空间变化十分丰富。

（4）建筑色彩的形体塑造

① 利用色彩强调建筑的可识别性

ⅰ. 强化建筑自身对比。如勒·柯布西耶设计的马赛公寓，用不同色彩与彩度的变化将阳台两侧涂上色泽鲜艳、彩度很高的红、黄等色，高彩度对比使得原来受功能限制、色调呆板的混凝土建筑形体识别性增强。

ⅱ. 强化建筑与周围环境的对比。建筑与环境形成对比更能显现其整体的识别性。如香港郎豪坊，利用本身的高度、建筑的色彩 —— 其外立面的深蓝色与周边环境的灰白色、浅米色调形成对比，突出其地位。

② 利用色彩加强建筑内与外的空间划分

ⅰ. 表皮的两面性。色彩强调建筑一个界面被分割成内部与外部两个空间后，被分割的空间功能或性质的相似或差异。如中英街的警示钟亭用色彩区分了构筑物表皮与内部的关系：表皮的白色与周围环境的浅色协调，而内部的黑色使钟和金色文字的位置显著，突出了肃穆警示的特征。

ⅱ. 无色透明。当建筑表面无色透明时，内部空间与环境直接发生对话，内部环境的风格、材料、色彩等都直接呈现在人们面前。德国Bremen大学的学生集会大堂，其围护是无色全透明的玻璃幕墙，表皮的无色透明使得内部楼梯、走道及黄色的墙面一目了然，内外空间可以通过视觉无遮挡地进行交流。

ⅲ. 洞口。洞口是与建筑内外表面同时存在的，如果把透明看作是没有颜色的话，那么洞口就是没有界面的一种形式。如透过无色透明的大玻璃窗，能够轻易看到室内的情况，建筑内外空间通过洞口得以交流。

③ 利用色彩改变建筑形体的连续性

ⅰ. 改变组合形体的连续性。如包赞巴克设计的法国拉维莱特公园巴黎音乐城，音乐厅被划分成若干小体量，使用相同的色彩使体量之间不被打断，既强调建筑群的连续性又丰富了界面的层次。

ⅱ. 改变单个形体的连续性。如荷兰某商住楼公寓住宅部分是一个正方体，但是其表面被挖空的空中花园和共享空间中庭打破，正方体变得不完整，建筑师运用红色将表皮的其余部分联系起来，统一了界面肌理。

利用色彩加强建筑形体的心理联系。如重庆解放碑纽约·纽约大厦与新世纪家电生活馆，纽约·纽约大厦是几年后增建的，设计师为了强调建筑群的整体感而选用了同样的色彩，给观赏者一气呵成之感。其实两栋建筑的修建时间、功能和业主都不一样，各不相干。

④ 利用色彩加强建筑形体构成逻辑

ⅰ. 色块并置。建筑中不同层用不同的色彩来表达，如埃森曼设计的俄亥俄州大哥伦布地区会展中心，基地上相互扭曲平行的体量以橙、绿、蓝、青、白等不同的色彩区分，鲜艳的色彩具有很强的识别性，让参观者发现其不同的空间性质。

ⅱ. 色块相交。利用色彩在复杂的建筑体量中增加视觉中心。位于

图3-22　迪斯尼总部大厦，不同的体块，不同的色彩。

美国阿克萨斯州 Fayetteville 的塔屋，是令白色墙面和黄色条木组合两种体量在竖直方向相交。

　　iii. 色块嵌套。色彩表现建筑的嵌套时常常将内部建筑颜色与外部建筑颜色区分开来。周恺设计的天津南开大学MBA大厦，下面一个"灰台子"，上面放两个"白盒子"，里面是"红笼子"，色彩的改变使嵌套的体量与外表的关系更加清晰易辨。

ⅳ. 色块穿插。穿插与被穿插的建筑颜色不一致，且穿插的建筑颜色前后一致。日本建筑师矶崎新设计的迪斯尼总部大厦（图3-22），不同的体块通过对比的色彩，创造出被一片树木、海洋包围的一个无限套筒的轮廓。

ⅴ. 色块相离。盖里设计的剑桥计算机信息中心，在半围合的形体结构内，放置了若干各自独立的形体，使用了不同颜色，有黄色的、白色的，还有金属本色以及反光面料的，体块之间位置关系没有特定规律可循，造型也各异没有联系，体现出相离的关系。

⑤ 利用色彩弱化建筑形体

ⅰ. 弱化。威尔·爱索普（WillAlop）设计的位于莱茵河畔的办公楼，外立面采用有印刷效果的夹彩色膜的夹胶玻璃，建筑以色彩的表现为重点，建筑墙体或体量的形态特征被大大弱化。

ⅱ. 纯化。如理查德·迈耶的洛杉矶盖蒂中心，极简的白色削弱了体块极繁的构成，产生了新的审美效果，纯化了建筑形式的意义。

⑥ 利用色彩分解建筑形体

ⅰ. 分解形体。色彩分解形体就是为达到化整为零的目的，把单个体量分解为若干个小体量，从而改变它的比例与视觉感受；或者为摆脱单一极简的造型，增加其复杂性。色彩分解形体能够美化建筑、强调建筑的构成。如日本千叶幕张住宅，整个住区由若干栋条形建筑围合而成，用红色与灰色把住区建筑临街一面分离出来，建筑面向小区内部的墙面涂成黄色和米色，增加了识别住宅小区内外的新意义。

ⅱ. 分解面。当一个面上存在两种以上色彩时，就可以理解为色彩分解面。伦敦东南地区的佩克汉姆图书馆与周围建筑风格不同，其北面幕墙由五颜六色的色块组成，笔直的墙面色块被分解得七零八碎，降低了体量的突兀感，与周围老建筑保持和谐。

2. 色彩在建筑空间体验设计中的运用方式

（1）使用综合材料

① 利用建筑材料的固有色彩和加工色彩

ⅰ. 材料的固有色彩指材料本身拥有或在制造过程中形成的色彩。

当代建筑设计提倡材料本体颜色的呈现。如彼得·卒姆托的瓦尔斯温泉浴场石材的运用，诗意地诠释了材料本身色彩所散发出的宁静氛围，唤起人们内心深处所蕴含的情感。

ⅱ.材料的加工色彩指的是在材料成型后通过喷涂或镀膜等手段赋予材料的色彩，不同材料的加工色彩可以是相同的。如在中国古代寺庙里，厚厚的油漆掩盖了木材本身的特性，色彩成为唯一要素。

利用地域建筑材料自身的色彩感。如柯里亚设计的斋浦尔艺术中心外墙使用的是地方材料红砂岩并且保持材料的原色调，与现代大尺度的几何形体造型相结合，既富于现代感又获得了强烈的地域性美感。

②利用材料的透明特点体现色彩感

ⅰ.物理透明，视线能穿过一个物体而到达另一个物体时，称前者的属性是透明的。① 如通过一个空间引导暗示下一个空间的存在。

ⅱ.知觉透明，基于人们对透明物体所产生的心理感受，充分运用

---

① 【美】柯林·罗，罗伯特·斯拉茨基.透明性1[J].Perspecta，1964（8）.

光线的投射、反射与折射所产生的假象与幻觉。[①] 如日本SANAA建筑事务所的蛇形画廊，镜面反射了周围的环境与行为，呈现出一种模糊的、幻觉性的感受。

用一种材料可以体现建筑色彩美，如安藤忠雄水的教堂的设计，利用混凝土的单色匀质特征，创造出与自然元素相辅相成的空间形象。多种材料搭配起来可以形成分明的层次，使对比更加明显。如综合使用马赛克、大理石以及面砖等几种材料，这些材料本身在材质特性、块状大小以及光线强弱上有较大的悬殊，形成层次感。

色彩对材料的重量感起作用，色彩的明度越大感觉越轻，反之越重。如梅卡诺设计的伊萨拉学校，红色的木材长条空间和银白的锌板盒子组合，这两种不同的材料有不同的色彩和质感：木材是暖调的红色，锌板是冷调的银白色；木材是竖向的线条，金属是片状的横线条；金属有强烈的反光，木材是低反光度的，两种材料通过对比形成强烈的视觉冲击力。

―――――――――

① 【美】柯林·罗，罗伯特·斯拉茨基.透明性1[J].Perspecta，1964（8）.

（2）色彩的点线面

① 建筑色彩的点

ⅰ.焦点起到集聚和突出重点的作用。

ⅱ.多个点的秩序，形成具有节奏的韵律感。如勒·柯布西耶的朗香教堂立面处理，大小不一的矩形窗洞成为黑色墙面上的视觉焦点。

ⅲ.点的移动在视觉上产生强烈的动感和律动感。中国美术学院象山新校区1号楼北立面窗下墙外错动排列着的黄色木板块，在视觉上形成动态的线。

② 建筑色彩的线

点移动的轨迹构成线。水平线具有横向秩序和稳定感，给人以沉稳、动态、延伸和降低高度的形态特征，垂直线给人向往、挺拔、庄重的形态特征；斜线具有飞跃、冲击和运动方向力感的形态特征。曲线，如南京奥林匹克体育中心体育场钢屋顶上的两条红色曲线，表现出力量和弹性，给人生动、活泼、优美、柔和、明朗的感觉。

③ 建筑色彩的面

线移动的轨迹构成面。通过具有空间深度的面集合将墙面重新整合，营造开放与充满活力的形态特征。几何网络是通过建筑外墙上或外立面上可视元素的比例、位置关系或其他可视元素形成有组织的关系构成。

（3）局部色彩的运用

局部色彩设计即以某一点的高亮色彩来使整个建筑活跃起来。如罗杰斯设计的德国柏林波兹坦商业广场办公楼，在建筑的两个角部分别安插了两个圆柱形体量，由亮黄色的波纹钢围合而成，鲜明的色彩与深色的玻璃幕墙形成强烈对比，使得建筑新颖而明确，体量凸现。

（4）绘画式色彩的表达

色彩以绘画的形式表现出来，在建筑结构或墙面上绘制鲜明生动的图案给人留下深刻的印象。从盖里设计的日本鱼舞餐馆到格雷夫斯的迪斯尼世界海豚旅馆，都反映出建筑大量运用色彩来表达意义。

（5）符号式色彩的表达

用色彩编制的符号，可强化建筑认知，给人以一种明确的引导，达到心理暗示般的体验目的。伦佐·皮亚罗和理查德·罗杰斯设计的法国巴黎蓬皮杜艺术中心大量使用符号性色彩，钢结构、柱、桁架、拉杆等部件以及各种管线都涂上颜色暴露在外立面上，红色的是交通运输设备，蓝色的是空调设备，绿色的是给水、排水管道，黄色的是电气设施，从大街上望去五彩缤纷、琳琅满目。

色彩符号分为两种，一种是自然形成的色彩图案，依赖于材料本身，这种图案往往不具有标识性的特定含义，更多的是给人一种亲近与神圣的感觉，恰当的处理会给人们的建筑体验留下更加深刻的印象。如Franz Fueg设计的圣皮乌斯教堂，简单的形体上运用了很薄的大理石透光石材，形成一片片自然纹理图案，暖色基调配以流动的线条，使人们仿佛置身于流动的诗意空间。另一种是设计者人为制造的色彩图案。人为制造的色彩图案融入了设计师有意识的符号意向，给予人们更多的信息，观者对色彩的体验也有了一种指向性、引导性特征。如伊东丰雄设计的日本东京表参道Tod's分店，树形的本色混凝土形状与透明的玻璃相互呈现，再加以暖色灯光的衬托，使得建筑具有一种象形与生命美感，在室内外不同光线下形成一种浓郁的文化氛围。

（6）建筑色彩的特性表达

① 文化性和地域性

建筑色彩受到不同民族传统、政治、经济、文化等的影响，同时也要融入周围的自然环境。在具体设计中，一是直接运用传统建筑的形式及其色彩。如贝聿铭设计的苏州博物馆，运用江南传统建筑中的黑白二色，延续了地域建筑文化。如墨西哥设计师巴拉甘的 Galvez 住宅设计，起居室窗下光亮的水池与红色墙面在色彩与质感上形成鲜明对比；大胆的用色体现出巴拉甘对墨西哥传统文化的关注。二是对传统形式及色彩进行提炼，结合新的艺术构思进行设计，产生传统与现代结合的效果。如 2005 年爱知世博会西班牙国家馆的设计，运用拱券和穹顶的结构要素，将格子窗异化重组。展馆用 15000 块六角形陶器组成装饰性格子墙，陶器格子有 5 种块形，每种块形用一个颜色，涵盖了西班牙国旗中的六种颜色：橘红、深红、洋红、赭石、柠檬黄和黑色。其浓烈的热情奔放的西班牙风格，反映了独具特色的民族性格。三是建筑色彩要与环境相结合，与环境建立起恒久的对话关系。如西澳大利亚Karijini国际公园游客中心的设计，建筑外立面氧化铁的鲜明橙红与满地的植物绿色形成强烈对比，大地色彩为建筑色彩制造了天然背景，十分和谐统一。又如贝聿铭设计的北京中国银行总行大厦，外墙石材是黄色调的意大利凝灰石，通过人造环境的色彩延续，突出了旧城的环境特征。

②多样化和个性化

在多元化文化价值观影响下，建筑色彩强调风格与形式多样化，更加丰富多彩、充满人情味。同时，建筑色彩要表现个性语言符号，使建筑形体更鲜明、更突出，丰富建筑的美感，独立地负载与表达某种观念、某种思想倾向、某种情感。如勒·柯布西耶设计的法国马赛公寓，建筑保持材料的自然本色，具有粗犷的性格。

③科技化

通过科技手段使建筑色彩具有为满足精神需求而改变的能力。德国慕尼黑体育馆应用Coverter Gmh设计的世界最新ETE透光及透明充气垫层薄膜系统，夜间，整个场馆表皮可以根据要求，由中心控制展现出红、绿、蓝等不同颜色的交替变化，体现出色彩随时间流逝的变化性。

（7）建筑色彩与光影结合

建筑色彩运用离不开光影的影响和作用。在光的照射下，同样色彩的建筑形体表面可呈现不同的色彩。由于受光条件不同，建筑的受光面、背光面及阴影面呈现不同的色彩，可以使观者更好地感知建筑的体量，呈现建筑物的最佳视觉效果。另外，当光线和色彩变化时，人们的空间体验也会随之改变。如巴拉干设计的塔拉潘修道院有三个不同方向射入的光线，一束来自侧面的光线给整个墙面镀上了一层金黄，通过反射照亮紫色祭坛墙面，把它染成了一种橘粉色。这里每一堵墙都是为了反射光线而设计的，它们的色彩会随着一天中的时间变化而变化。

① 应用彩色光线丰富建筑表现的空间氛围，带来令人兴奋的形象

如中世纪教堂，透过玫瑰窗的紫色光线使内部空间色彩斑斓；郎香教堂中的彩色光线充满神秘感。

②利用阴影丰富空间色彩

建筑物受光的阳面和背光的阴面色彩是不同的，不仅增强了明暗对比效果，还增加了建筑立面的丰富感，因而阴影对建筑色彩的影响也具有趣味性。如福斯特事务所设计的伦敦大英博物馆加扩建项目，建筑以米色和浅白色调为主，巨大的网架屋面将阴影投在四周的方形建筑上，形成四周暗中间亮的格局，使中间的白色建筑更加突出，增加了空间的趣味。

第四章 >>>>

运用自然要素的
建筑空间体验设计

在建筑与环境和谐相融的目标越来越高的今天，各种自然要素对建筑空间塑造的作用不容忽视。通过如水、光、风等各种自然要素与建筑空间的组合，可获得全新的建筑空间感受。"建筑使自然降格为建筑的一个部分，但又将自然统一成一体。这样，自然被建筑化了，而人类与自然的对立进一步得到了纯化。"[①] 进而满足了人们贴近自然的心理需求，真正实现建筑与自然的共生。

一、空间体验中水的运用

水具有反射、透射、折射、空间翻转和涟漪等性质，水的各种状态在建筑空间中扮演着重要的串联过渡角色，而且它能通过与其他要素的组合，形成诗意而又富有人性的建筑空间，借以渲染气氛，营造意境，甚至引发心灵的震撼。

---

① 刘小波.安藤忠雄[M].天津：天津大学出版社，1999.

1. 水的空间形态

水本身是无色、无味的，它自身无固定形态，水的形态可随其"容器"的变化而变化，根据容器形态的不同，水一般有四种形态：点、线、面、体。

（1）水的点形态

当水体以点状的形态存在于建筑空间中时，一般是视觉的集中点，能吸引人的注意，在空间中形成转折或者是中心点。点状水体可以标志某个空间的开始；在空间与空间的转折处点缀运用，暗示下一个空间的到来；强调空间的中心感，或者引导人的视线和行为集中到建筑要表达的重点上去。

（2）水的线形态

在建筑空间中运用线状水体可以体现运动感和方向性。不同线的形态能体现不同的表情，直线直接、干脆，富有力度感；曲线柔和、优美；折线则具有很强的节奏感，也具有一定的力度感。线状水体全部包围或局部包围建筑构成要素，如墙体、地面等，能营造一定的领域感；

连接两个空间时，可将人的视线及行走路线从一个空间引到另外一个空间。

（3）水的面形态

面状水体在建筑空间中运用是最广泛的。大面积的面状水体作为背景，具有烘托作用，体现或宁静、或开阔、或肃穆的环境气氛。面状水体联系众多建筑形体或者建筑构成要素时，起到统一各部分的作用，如在中国古典园林里水的运用，能将散落的景点和建筑统一起来。面状水体运用于建筑形体与形体之间、形体与构成要素之间、构成要素与构成要素之间，使建筑空间建立起视觉和心理上的过渡。

（4）水的体形态

体状水体与建筑空间结合，一般是运用了水体的动态特性，如水体的可塑性、可流动性、"色"与"影"、水体的声响等。水体的可塑性，是指水的形态可随其"容器"的变化而变化，带给人们不同的心理感受和审美情趣。水体的可流动性，是指水体能够顺应地形变化，或急或缓，或宽或窄，变换出多种水体形象，如安藤忠雄设计的淡梦路舞台，利用水体的一阶阶跌落，将水体和室外步行大台阶结合起来，利用水体的流动性营造的动态空间激发了人与人及人与环境之间的相互作用，达到了建筑与自然环境的巧妙融合。水体的"色"与"影"即借助水所具有的反射、折射、透射特性，反射周围环境的形态，形成倒影，如印度的泰姬玛哈儿陵的设计，纯白的建筑主体倒映在狭长的水池中，建筑的形和水中的"影"构成了一副美妙的图画，在视觉上增加了一个层次，形成了静谧、安详的空间气氛，使建筑获得一种特殊的效果。

2. 水与建筑空间体验性结合的方式

（1）设立

设立是将物体设置在空间中，指明空间某一场所，从而限定其周围的局部空间，将空间限定的方式。通过在匀质空间中设立一方水池的手法，使原本无方向感或方向感单一的空间产生向心感，从而使水体成为空间中吸引人驻足游憩的场所。

如伊博斯和维塔特设计的法国里尔美术馆新馆扩建，新馆是一个与老馆立面平行且细而长的矩形玻璃体，简洁而又现代，在新馆和老馆之间的空地上设立了一方水池，平静的水面和新馆纯净的玻璃界面映衬着老馆的庄重和华贵，使这个本身匀质的空间产生向心感，形成了一处人流疏散和休闲游憩的场所。

（2）围合

① 水与建筑空间的围合关系有两种

ⅰ. 建筑空间围合着水空间，具有较强的封闭感，而水空间往往成为视觉和空间的重点，对空间气氛的渲染起到举足轻重的作用。如桢文彦设计的风之丘火葬场，通过墙体和玻璃围合出封闭的水庭，水面的折射，使光线变得更为柔和，也使空间具有深邃迷离的色彩，体现了人体复归于尘土的肃穆，粼粼的水波和广阔的天空使灵魂得到展开和解脱。

ⅱ. 水空间围合建筑空间，可以柔化建筑边界，增强空间层次效果。如保罗·安德鲁设计的国家大剧院，一个3.5万平方米的巨大水池，将主体建筑围在其中，水中映射出壳体的倒影，建筑轮廓时隐时现，构成了一幅极富诗意的画面。

② 根据围合水体的建筑平面形式不同，可以划分为 "L" 形、"U" 形及 "口" 字形三种不同形式

ⅰ. "L" 形围合。水面与建筑外部环境半合半分，水面是半开放、半封闭的，能形成比较开放又具一定场所限定感的水空间。如卡拉赫和阿尔瓦雷斯设计的蒙特·西耐幼儿学校扩建工程（图4-1），入口空间利用长廊与教室组成的 "L" 形建筑群体围合了一方水池，视线可以穿越通廊看到北面的阶梯状花园，保持了空间上的连续性，在此，水体加强了建筑与环境的关系。

ⅱ. "U" 形围合。水体三侧围合，一侧朝外部空间开放，内外空间分而不隔，互相融合，空间既具有朝向内部水体的内向性，又具有外向

图4-1 蒙特·西耐幼儿学校扩建工程入口空间利用长廊与教室组成的L形建筑形体围合了一方水池，水体加强建筑与环境的关系。

性。如美国安大略省基奇纳市市政厅的"U"形建筑群体，水体就位于"U"形庭院的中央，三面围合的水体与建筑空间互相渗透，开放的一侧给建筑空间带来了活力，保持了空间和视觉上的连续性，使得空间既限定又生动。

ⅲ."口"字形围合。建筑四面围合而具有较强的封闭感，庭院中心水体的运用，使其成为视觉和空间的重点，渲染了空间氛围。如桢文彦设计的风之丘火葬场中，通过墙体和玻璃的围合，封闭水庭营造了空间深邃迷离的气氛。

（3）接触

水体作为与地面不同的介质，起到了分隔空间的作用，而水体又以下沉的方式与建筑接触。如安藤忠雄设计的水教堂，中央矗立十字架的水面透过祭坛的玻璃墙清晰可见，玻璃墙作为一种透光分隔介质，令水与建筑空间隔而不断。再如安藤忠雄设计的意大利贝纳通研究中心，一条宽7米的柱列画廊经由别墅前面的水池渗透穿插到别墅，柱列分隔出两部分空间，同时柱列与别墅在池子中的倒影联系在一起。

（4）相交

建筑与水体的一部分重叠而成为公共空间，其余部分还保持各自的界限和完整性，多用于建筑"灰空间"的处理。如天津大学冯骥才文学艺术研究院的设计，将主体建筑首层架空，近千平方米的人工水体贯穿其下，建筑楼板屋面等与水体建立水平相交关系，既沟通了南北庭院，也为整座建筑带来了灵动与生机。再如路易斯·巴拉干的圣·克里斯特博马厩设计，水从一堵铁锈色的墙上溅落下来，注入水池中，水面与墙体构成垂直相交关系，营造了一种独特的空间氛围。

（5）引导

线状的水体具有比较强的引导性，往往与墙、柱列等建筑构成元素组合运用，具有自然、连续而又生动的引导效果。如加拿大多伦多花园城郊小区的STEEL HOUSE，长方形水体嵌入"L"形平面中心的入口处，水体所营造的空间也成为空间序列的起点，将水体富有动感的光影和声音带进了这座建筑的深处，通过线形水体的引导将相对独立的各个空间连为一体，为创造有节奏的空间序列做好铺垫。

（6）穿插

穿插是水体与建筑空间组合的重要手法之一，多用于建筑的"灰"空间。包括水平穿插和垂直穿插两种。

水平穿插是水面与建筑中的水平要素如楼板、屋面等构成穿插的手法。垂直穿插是由水面与墙体、柱子等建筑垂直要素构成。在建筑空间构成中，两者常常结合运用。

如瑞士拜尔勒基金会美术馆（图4-2）坐落于瑞士古迹贝罗尔别墅周边的树林中，四堵平行的承重墙构成了建筑主体，展览空间也随之设

图4-2 瑞士拜尔勒基金会美术馆，建筑的西部端头是一池水面，与水平出挑的半透明屋檐以及支撑柱穿插，建筑室内与室外形成了绝妙的平衡，构成了动人的空间乐章。

计成整齐的行列形式，建筑的西部端头是一池水面，与水平出挑的半透明屋檐以及支撑柱穿插，水平要素和垂直要素在这里互相交错，树木和湖泊仿佛步入美术馆中，一种静谧之感弥漫在整个空间中，建筑室内与室外形成了绝妙的平衡，构成了动人的空间乐章。

3.水对建筑空间体验的塑造作用

（1）水完善空间形态

利用水的设计，能增加空间的层次感和整体感，强化人们对空间的感知。如安藤忠雄设计的峡山池博物馆，敞廊两侧，水体沿着纵向的墙壁飞驰疾下，半透明的水帘限定了庭院的边界和敞廊空间，达到了玻璃所达不到的空间效果，让参观者对这个重要的空间节点获得了多维度的感官体验。

利用水的设计可柔化建筑边界，更好地衬托建筑、丰富空间层次。如国家大剧院外围的巨大水池，将主体建筑围在其中，通过这片水柔化了建筑的边缘，创造了一种让人休闲放松融入自然的环境。

水能反射周围环境的形态，形成倒影，从而丰富空间层次。如苏州博物馆的设计，庭院中的水面以白墙和片石假山为背景，水中凸显了清晰的山水剪影效果。

水能串联整合多种空间形态、统一不同平面形状和大小，使得这些复杂的空间和形体间产生整体、统一的趋向。如澳大利亚国家博物馆的设计，建筑由多体量拼接组合而成，在不规则的内庭中，不规则的水体设计将建筑复杂的形体和色彩导向统一。

水的流动让空间得到渗透和过渡，将人的视线自然地引向空间之外，既能产生更丰富的层次感，又能使内外空间融为一体，形成整体感。如卡洛·斯卡帕设计的奎瑞尼·斯坦帕里亚基金会（Querini Stampalia Foundation），在建筑入口巧妙地将水从室外的小河引入建筑内部，并随着室内空间变化流动，对人的视线和行走进行有目的的引导。

（2）水渲染空间意境

水体与建筑空间结合，通过人与水的互动，人的情感与自然景物产生共鸣，从而在情感上得到升华。北京延庆区野鸭湖湿地博物馆的设

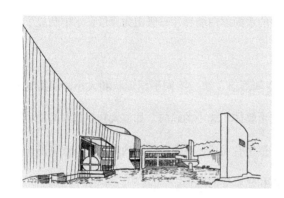

图4-3 北京延庆区野鸭湖湿地博物馆，在建筑空间内创造良好的水景，使人们在参观的过程中时时感受到自然的存在。

计（图4-3）利用为野鸭湖补给的水源，在建筑空间内创造了良好的水景，水流贯穿建筑，使人们在参观的过程中时时感受到自然的存在。

水的柔和、水的流动、水的纯净和明澈以及水的各种形态——雨、雾、霜、雪等均可成为特定场景中气氛和意境的表达。如天津大学冯骥才文学艺术研究院的设计，斜向扭转的建筑和穿插布置的水池为整座建筑带来了与传统意境的融汇。

水体在建筑空间中的运用能很好地烘托空间氛围，特别是在宗教建筑中，运用水体能获得帮助冥想与反思的效果，如安藤忠雄设计的水教堂，水面平整如镜，一个巨大的十字架矗立在水中，在人们内心引发一种心旷神怡的纯洁感和神圣感。再如在日本真言宗本福寺永御堂（莲花寺）的设计中，一大片长满莲花的椭圆形水池象征着灵魂从世俗世界里升腾起来，用抽象的手法烘托出宗教建筑的独特气质。

水是特定文化的代表，水的柔和美、灵动美、壮阔美、虚幻美、曲折美等，给人们以美的感受，抒发了人文情怀，是深层次的情感体验。如崔恺的河南安阳殷墟博物馆的设计，庭院高直的四壁是泛着铜绿的黑沉沉的墙面，正中是一方池水，浅浅的水池映射着一角方方的天空，只有云影在无声地飘动，水的波纹在静静地荡漾，历史的沧桑感由此升起。

水的抽象隐喻比具象的水体运用能营造更深远、更有联想余地的意境。如日本龙安寺石庭，利用白沙来模拟水体的特征造景，虽无真水，却生动地表现了水的景致和意象，令人产生丰富的联想，体会到无限的魅力。

（3）水提升空间品质

将水体运用到建筑空间中，能调节建筑空间周边的微气候，带来一定的生态效应。合理布置水体与建筑要素，如墙体、廊道、柱列等，能在改善环境的同时，形成通风"走廊"，起到调节局部小气候与净化环境的生态作用。

如印度建筑师柯里亚设计的圣雄甘地纪念馆，运用与印度当地建筑类似的瓦顶、砖墙、石制地板以及木门等一系列要素构成通透的"开敞空间"，水庭被安排在这种"开敞空间"中央，微风带着蒸发的水气吹入室内，给酷热的夏天带来丝丝清凉，有效地改善了室内的小气候，也适合印度当地的气候特点。这种水庭与"开敞空间"构成了水体生态运用的重要模式之一，既能营造良好的空间景观，又能带来低造价、低能耗的生态效应。

再如阿曼苏丹的马斯卡特法国大使馆设计，基地位于阿曼苏丹沙漠的边缘，气候炎热，阳光强烈，建筑采用了两片大面积的阿拉伯式遮阳隔栅覆盖主要庭院及交通空间，隔栅通过倾斜，形成"V"字形的露天庭院，隔栅下是清水混凝土柱廊，柱廊中央，"V"字形水池贯穿整个露天庭院。浅浅的水面使建筑和庭园变得清新，它收集了从遮窗隔栅上淌落的水流。这些水、半明半暗的光线以及空气的流通在地面层创造了一种自然的空气调节方式，使建筑更符合当地的气候等自然环境，也形成了别具一格的建筑风格。

二、空间体验中自然光的运用

自然光是世间万物之源。早在人类文明开始之时，人们就在建筑空间中追寻着自然光。随着社会的发展，人类对自然光在建筑空间中的运用从无意识走向有意识，建筑中的光赋予了空间无限的生命力，光与影一起成为建筑中最活跃、最独特的元素。人们利用自然光实现建筑空间的深层次构建，满足人们的精神追求，实现光的空间体验。

1. 光影的构成要素及其特征

（1）光影的点特征

在建筑空间中具有点特征的"光影"或"物影"大体上就是落在阴面上的光斑或是与周围界面尺度、亮度相差悬殊的采光口。虽然光点的尺度相对很小，但它能突出重点，丰富建筑空间的视觉效果，吸引人的注意力。

如勒·柯布西耶的朗香教堂，弯曲倾斜的侧墙上开了许多毫无组合规律的大小不一的窗孔，窗孔镶嵌的透明玻璃颜色不一，狭小而且构造严密，当阳光射入室内时，纤小方洞将绚丽的阳光采集起来，形成一个个集中强烈光线的采光口，星星点点撒播于墙面，形成光怪陆离的光影效果，创造出震撼心灵的空间情境。

FRANCE建筑工作室在马斯喀特市法国大使馆的设计中，在屋顶上使用了一种布满洞孔的混凝土片，当阳光照射的时候，透过洞孔打在室内墙壁上和地板上的光斑营造出如同"一千零一夜"般的神奇场景。在此，设计师使用点光的特性来模拟星星发出的微亮效果，星星点点的光与影以及周围的景物，创造出具有异域情调的梦幻般的景致。

（2）光影的线特征

在建筑空间中，雄浑或纤细的柱子、均匀的方格架子、轻巧的栏杆，以及细密划分的窗棂、活动的百叶窗等，均可在光的照射下投影在不同的界面上，产生线形的"物影"。不同形态的线条可以激发不同的情感体验。

如建筑师丹尼尔·里伯斯金（Daniel Libeskind）设计的柏林犹太人博物馆，线性要素的倾斜，穿插与冲突手段的大量运用，破裂的墙体仿佛赋予光线一种力量、一种饱含着屈张内力的动势。

（3）光影的面特征

大面积均匀的光线投射在室内空间界面上时，被照亮的面就成为"光面"，投射物体的影子则形成"影面"。被照亮的光面呈现出一种虚化的飘浮的效果；而作为"阴面"呈现的物体的背光面在物体轮廓线外的眩光反衬之下，往往呈现深色或黑色的剪影形象，其细节几乎被全部略去，物体形象简略概括，新颖别致，极具表现力。

2.光影的表达途径

一般来说，对于建筑空间来说，对于自然光的表达有以下几个途径，可以让我们感知光影的存在。

（1）物影

在一个明亮的背景下，建筑的构件在地面、墙面投下阴影。不同的物体表面会使光影有不同的表达。通过不同物体的色彩、肌理、图案、反光度、折光度、透光度、漫射度等特征对光源所发出的"光"加以改造后，光影获得一种经过"修饰"的显现，展现出异常的美感。同时，物体自身特有的质地、色彩经过光的描绘，也展示出一种独特的艺术魅力。光与物质"相遇"使得物质显现，光影被感知。产生物影的构件有三种：一是通透的遮阳构件；二是建筑的结构构件；三是采光口的划分。

通透的遮阳构件能落下清晰的物影，使因功能而设置的遮阳构件带来生动的艺术效果。如艾弗利天主教堂的设计，屋顶遮阳格栅落下的物影成为室内墙面、地面上的装饰，富有节奏的纹理，产生异常奇妙的视觉效果。

对建筑的结构构件如柱廊、框架、屋顶构架进行有意识的设计，也能产生动人的物影。加拿大国家美术馆中通往大会堂的柱廊在屋顶设计了一条透光的构架，阳光投影在侧壁上，影影绰绰的光斑和地面结构清晰的落影使高而狭长的廊子变得丰富而透气。西班牙建筑师圣地亚哥·卡拉特拉瓦设计的多伦多 BCE Place 购物中心，构造复杂的钢结构的支柱与顶棚的弧形肋架在阳光照射投下细密动人的物影，使人宛如置身于茂密的热带丛林。

采光口自身的分隔也是形成物影的一个重要因素，尤其是顶窗、中庭、光廊上的划分物件或结构物件，这种偶然出现的美丽景象更令人心醉。

（2）光形

小范围、小面积的光经过采光口而形成光形并在室内阴面形成落影，由于采光口大小形状各异，光就被塑造成各种各样清晰的形状，我们称之为"光形"。在树林中，我们能看到阳光透过枝叶投下缕缕光斑；

在一个较暗的室内空间，阳光从屋顶或侧窗照射到室内，形成一道道的光柱等。另外，通过强光源与实体界面的对比，光通道的形状被衬托出来，在人的视觉体验中，光通道的形状就成了光的形状。

（3）剪影

光形和物影是光线落影或将物体投影在空间围合物上。但对于日照量小、阴天居多的地区，室内很难形成清晰的光影，这时可以利用窗户、门洞自身的图案形成剪影效果。剪影是一种常用的造型元素。对剪影的利用由来已久，早期的哥特式教堂窗户上的宗教画和日本的格扇窗、格扇门，印度细密的大理石窗圆柱，中国的自由图案窗洞以及节日时窗户上的剪纸都可形成剪影。剪影的形成主要有两种方式：一是门窗上棂子的图案化分隔；二是玻璃上的图案。

门窗棂子的图案化分隔是以线与线之间的组合形成具有白描风格的剪影。让·努维尔设计的阿拉伯世界文化中心可自动调控进光量的玻璃墙是高科技的结晶，但它抽象精密的几何纹样在室内形成了美丽的梦幻般的图案，使空间弥漫着神秘的伊斯兰文化气氛。

精心设计的玻璃纹样如同窗户上的剪纸，能产生动人的美。磨砂玻璃作为其中的一种，应用得最多。磨砂的部分挡住了光线，成为较暗的纹样。如上海大剧院的玻璃幕墙采用了小方块状的磨砂玻璃，并且从上到下越来越大，越来越密，取得了一种帐幔般细密的朦胧效果。采用压花玻璃、蚀刻玻璃也可以做出特定的图案。赫尔佐格和梅德隆在瑞科拉欧洲厂房的立面上，将树叶图案压制在玻璃上，形成了晶莹剔透、恍然如梦的视觉效果。

3. 采光口的设计

（1）采光口位置变化影响建筑空间体验

① 侧窗采光口

侧窗采光口位置的移动、面积大小、形状的不同都会影响建筑空间采光效果。

侧面采光口按其位于侧墙的位置可以分为低侧窗、中侧窗、高侧窗。光线凭借其入射位置的变化可渲染出令人耳目一新、惊讶甚至赞叹的空间效果。如葡萄牙建筑师索托·莫拉在阿尔加维小住宅的设计，仅仅凭借一个小小的、侧面高高开启的方正窗洞便营造出一条宁静而动人的室内走廊，此处光影的成功塑造，除了黑暗的衬托之外，还得益于窗洞位置的别出心裁。瑞士提奇诺的圣塔玛丽亚教堂出自建筑大师马里奥·博塔，光的作用在教堂室内空间的营造中非常重要，圣塔玛丽亚教堂之光成就于它窗洞位置的选择独到新颖。所有的窗洞均紧邻祷告座椅低低开启，祈祷的教徒全身沐浴在亮白的光明之中，环顾周身逐渐扩散、愈加浓重的黑暗，更能感受到神灵的庇护与宗教精神的意蕴。在意大利建筑师卡洛·斯卡帕设计的卡诺瓦雕塑博物馆扩建项目中，充分利用了光的物理特性，他在展馆顶部转角处设计了一个立面体玻璃窗，使内部产生了多向度光源，并且避免了眩光的产生，使展馆里的作品和建筑空间在光的作用下和谐相融。

侧窗采光口面积的大小，会对建筑空间采光产生重要影响。将采光口逐渐扩大，室内采光量随之增多，室内外空间的分割越来越弱，也可让人们享受到良好的室外景观。如日本建筑师隈研吾设计的竹屋，根据使用功能的不同，安排了面积大小不同的采光口。卧室里小面积的采光口为建筑空间提供了必要的自然采光，同时保证了居室的私密性；会客厅较大面积的落地窗为室内提供充足的光线，也让人能更好地眺望室外优美的自然景观；餐厅中更大面积的落地窗使室内外的界限越来越弱，让人在休闲中能完全地亲近自然。位于同一个立面上的多个采光口有规则地组合，可以产生明暗交替的节奏，增加空间秩序感。安藤忠雄设计的小筱邸住宅及扩建项目的走道、路易斯·巴拉干设计的吉拉迪住宅（Francisco Gilardi House）的走道、勒·柯布西耶的拉图雷特修道院走道，都在墙面上规则排列多个采光口，使原本单一乏味的线性交通空间被光影的明暗韵律赋予了勃勃生机，增加了建筑空间的秩序感。

侧窗采光口根据形式的不同可分为洞窗采光、带形窗采光、墙窗（玻璃幕墙）采光三种。洞窗采光比较灵活，可以根据室内空间光照环境的不同要求来调整窗洞的大小、尺寸、比例、位置，以获得预期效果。带形窗采光能最大限度地让光线射入，为建筑空间提供充足的光线和室外景观。墙窗（玻璃幕墙）比较通透轻盈，小面积运用时可与厚重的墙体等形成强烈的质感对比，富有现代气息，如安藤忠雄设计的成羽町美术馆，玻璃幕墙和混凝土墙形成了强烈的对比；当大面积运用时则可以大大减轻建筑的重量感和体积感，有时还能反射周围的景物，与周围环境融为一体，如KPF建筑设计事务所设计的瓦克大道333号办公楼。

②顶面采光口

顶面采光获得的光线柔和而稳定，空间的照度均匀。顶窗可以根据实际功能需要自由地设计其大小、面积及位置，既可以使室内空间亮度均匀一致，又可以使某一位置的亮度与众不同而产生柔和朦胧的空间气氛，或营造崇高神圣的艺术氛围。另外，太阳在四季、一天之中不同时段的光线变化也给顶窗采光效果带来了无穷变化。

如诺曼·福斯特设计的德国国会大厦改建项目，在大厦的中间设计了一个硕大的圆顶，全部为透明的玻璃材料构成，玻璃圆顶下面的大厅当中有一个喇叭形的柱子直达屋顶，它的主要作用是给楼下的大厅通风和照明。柱面由镜子拼接起来，反射着天光和人影，为整个大厅营造出一种超脱凡尘的气氛。在圆顶环形道的最高处，人们则可以尽情饱览柏林的全方位景观。

（2）采光口形状影响建筑空间体验

① 规则形状

一般情况下，采光口采取与墙面或顶面相似的形状，这种重复构图形式易达成空间的整体协调。一般常见的规则形状有方形、矩形、圆形等。

如安藤忠雄的光教堂，在混凝土墙面上开出相互垂直的两条矩形窗，形成了一个独特的光的"十"字。

弗兰克·赖特设计的古根海姆博物馆，顶部圆形的天窗照亮圆筒状的中庭空间，人们环绕中庭行进的时候，始终能强烈地感受到空间中心的存在。

意大利建筑师保罗·波多盖希1964年设计的萨莱诺神圣宗族小礼拜堂，建筑整体是灰色的清水混凝土体块，在礼拜堂大厅屋顶中央开一圆形天窗，从天窗弧形边界射入的太阳光和屋顶层叠向上的天花板相交错，透过圆形天窗的太阳光和地面的反射光与层叠的天花板形成强烈的明暗对比，置身室内，仰望屋顶，犹如聆听着一曲光线的奏鸣曲。同时，大厅内部四处弥漫着柔和的光线，营造了室内安静的空间气氛。

意大利建筑师卡洛·斯卡帕设计的卡诺瓦雕塑博物馆扩建项目充分利用了光的物理特性。他在展馆顶部转角处设计了一个立面体玻璃窗，使内部产生了多向度光源，并且避免了眩光的产生，使展馆里的作品和建筑空间在光的作用下和谐相融。

② 不规则形状

不规则形状的采光口会在室内产生一个不规则形状的视觉亮面，而且其落影也随时间的推移而变幻莫测，产生戏剧性的室内空间效果。

斯蒂文·霍尔的作品MIT大学的Simmons公寓，以"多孔性"和"渗透性"作为处理建筑内部和外部关系的主导式隐喻，室内以漏斗形状的空间 —— 设置休息室和学习间的贯通楼层 —— 作为垂直渗透的核心，而这些"漏斗"空间顶部的不规则采光口及其室内到处游动的光线，使空间充满趣味。

勒·柯布西耶设计的朗香教堂平面呈不规则形状；墙体几乎全是

弯曲的，有的还倾斜，粗糙的白色墙面上开着大大小小的不规则排列的方形或矩形窗洞，上面嵌着彩色玻璃。光线透过屋顶与墙面之间的缝隙和镶着彩色玻璃的大大小小的窗洞投射下来，使室内产生了一种特殊的气氛。

在里尔美术馆改扩建项目设计中，新增的建筑立面由不规则的镂空窗洞组成，网状窗口弥补了美术馆光线不足的缺陷，同时游客可以看到周边公园的景色，视野很开阔。

（3）内庭采光影响建筑空间体验

① 中庭

中庭是建筑物中部被建筑围合成的贯穿全部或部分楼层的空间，主要目的是引入阳光和自然景色，明朗的光影变化会给人们带来愉快感和美感，并为人们创造用于交流、休息的舒适共享空间，往往还要给在其中活动的人一种犹如室外的感受。美国建筑师波特曼在其建筑设计中出色地运用中庭手法，使中庭设计成为其作品的重要特色。在美国亚特兰大20层高的威斯汀桃树广场酒店的设计中，中庭布置在建筑的底部6

层，通过天窗采光，为室内提供了柔和充足的自然光线；另外，大厅内有高30米的瀑布，宽阔的水面、卵形的休息平台，这些景物赋予了建筑空间丰富的活力和极强的表现力。

②庭院

庭院是人们用来休息和娱乐的露天场所，同时对围合它的建筑物有一定的采光改善效果。如安藤忠雄在住吉的长屋的设计中，在仅65平方米的建筑基地上，建筑师在起居室与餐厅、厨房与浴室之间，插入了一个小庭院，这样的外部空间不仅为建筑内部空间引入阳光，也不仅是建筑中可有可无的点缀，而是使风霜雨雪、四季更迭介入人的生活，把人与自然联系在一起，使自然成为生活的一部分。

③光井

光井是小尺度的采光庭院或采光中庭，它通常是纯功能性的，不能直接被使用的采光空间，因此与中庭、采光中庭等采光方式相比，建筑师对光井的建筑处理（细部、立面等）更为简陋。

（4）采光设施的介入影响建筑空间体验

反光板是在侧窗中上部添加的一块水平板，其上表面有较高的反射系数，可将自然光反射到较深处的天花板，以提高远窗点照度，从而提高整个室内照度的均匀度。另外，合理设置的反光板还能调节热量的摄入，为外立面造型提供一个重要的设计元素和思路等。如路易斯·康设计的金贝尔美术馆，室内顶部为尺度较高大的半筒形式，并且采用了狭长的水平天窗，穿孔铝板制成的反射光罩挂在采光天窗下，里面用一个网帘过滤光线，使过滤后的光线反射到混凝土天花板上，再从天花板柔和地散布到室内。这里的反光罩不但起到滤去紫外线、将光线漫射开的作用，还使空间充满活跃生机，光弥漫其间，避免了阳光直射形成眩光，呈现出空间的丰富性和新颖性。

照壁是一种垂直的反光设施，利用一面光整洁白的墙壁作为反射面以增加入射光总量。如SOM在沙特阿拉伯国家商业银行办公楼的设计中，就是利用照壁作反射面。适当的反射面使用可提高采光效果，以获得更多更均匀的自然光。

采取适当的遮阳措施可调节室内温度、减少眩光。常见的遮阳措施有：固定的外挑式遮阳板；临时遮阳幕（窗帘、百叶窗等）；绿化遮阳。如勒·柯布西耶在哈佛大学视觉艺术中心的设计中对太阳入射角和遮阳板的角度进行计算，局部改变窗的朝向，将窗扭转了一个方向，借以改善室内光线。

4. 光对建筑空间体验的塑造作用

（1）光影建构建筑外部形体

光影与建筑造型结合，具有塑造体量和刻画丰富建筑的细部表情、使体量凹凸感更加强烈、凸显外部体形的作用。光影使得建筑物变得具有"可塑性"，光与影的对比混合，使建筑形体给人强烈的视觉冲击。

古希腊时期的建筑就很注重光影的运用，当时人们把建筑看成是巨大的雕塑。为了凸显雕塑般的体量感，除了体量本身和材料运用外，地中海强烈的光影成为塑造外形至关重要的因素。帕提农神庙便是其中的典型。柱廊在外、墙体在内的建筑手法，使柱廊在阳光下形成鲜明的明暗相间的韵律，同时通过檐口和内墙的暗部来衬托建筑外在的阳光感。沐浴在强烈光影下的柱廊，由于其凹槽等细部处理，加强了柱子本身的浑厚和挺拔感。

在现代建筑中，如勒·柯布西耶设计的昌迪加尔法院和议会大厦，采用粗野的混凝土来塑造整个建筑，以求获得强烈的光影效果并凸显形体本身。路易斯·康在孟加拉国达喀国民议会厅和印度管理学院的设计中，运用清水砖墙等富有光影表现力的材质来体现体量，并且结合遮阳措施造型，使光影的魅力在建筑中得到充分体现。

（2）光影刻画建筑细部

光影可以表现建筑表面材质的肌理和纹理。光线照射到物体表面，可能发生投射、折射和反射，我们就会感觉到这种材质是粗犷、坚硬还是精致、柔软的。

（3）光影为建筑内部空间创造多样化艺术气氛

建筑空间利用自然光可创造渲染各种不同气氛，把空间情感传递给使用者。

崇高神圣的艺术氛围让身临其境的人们通过所见能感受到空间的

力量，产生尊敬感或敬畏感，使人们的精神心灵得到陶冶升华。如光教堂，在几乎封闭的室内空间，用光的十字刺破黑暗，和昏暗的室内空间环境形成了强烈的对比，构成了空间视觉中心，人们不由地感到它仿佛连接着另一个神秘的精神世界，体察到宇宙的神韵、艺术的奥秘、超越的美感。

温馨柔和的艺术氛围常常在办公学习空间、居室空间、展览空间、纪念性空间等文化居住建筑空间之中使人感受到亲切、舒适、放松。路易斯·康在金贝尔艺术博物馆的设计中，就在摆线形拱壳顶面上设置了带有扇形反光板的长条天窗，反光板遮挡了室外直射光，起到隐藏采光器的作用。光线经多次反射、折射后投射到展室墙壁上，创造出一种柔和安定的视觉氛围。

迷幻的艺术氛围使人产生幻觉，仿佛进入另一个虚幻的世界，有助于人们获得身心上的全新感受。如安藤忠雄在真言宗本福寺水御堂的设计中，室内运用朱红色的反光材料，用色极其强烈而大胆，每当自然光从大厅西侧光庭进入御堂，列柱便投下长长的影子，大厅弥漫红光，给人们一种虚幻和超凡脱俗的深刻体验。

深邃的艺术氛围能触动人们心灵深处的思绪，引发人们对世界的感悟和深思。路易斯·康在印度管理学院图书馆的大厅设计中，在中庭周围的砖墙上开了几个大尺度的圆洞，由于每处圆洞所受自然光照射条件不同，亮度都不尽相同，形成了几个大小不同、亮度各异的圆洞互相嵌套的场面。人们处在这些巨大的光影"园林"的包围之中，心灵受到震撼。

冥想静思的艺术氛围，有助于人们在宁静而富有哲理性的环境之中静静地思考问题，品味人生。安藤忠雄设计的巴黎冥想之庭，平面由单纯的圆形构成，没有侧窗，只在顶部让光由带状天窗透入。这种黑暗的空间具有超现实的意味。一个没有门扇的门洞射入外界的光亮，反衬出内部空间的幽暗，让人安静下来并得以自省。

自然明朗的艺术氛围，能使人重获与自然的紧密联系，让人感到舒适亲切。如贝聿铭设计的美国国家美术馆东馆，明朗的中庭空间沐浴在灿烂的自然光中，三角形的金属网架和空中轻盈的金属雕塑投下清晰的光影；空间上下交错，层次丰富，富有动感，自然明朗。

（4）自然光为建筑空间创造运动感

建筑中的光随着季节更替和时间变化而发生变化，建筑的形象、光的强度也随之变化，物体的形象随之改变，人们在不断变化的形与影中感受光影带来的美妙魅力，同时在这种变化中，光也重新塑造了人类的生活世界。

槙文彦在东京教会的礼拜室（东京基督教堂）设计中，使教堂的光墙随着时间变化显出不同的表情，太阳照射角度变化，"十字光壁"也不断地变化，身处教堂中的人们看到这些奇妙而单纯的光影变化，相信一定会有"逝者如斯夫"的感慨；这些光影效果，使身临其境的人们获得关于明暗对比、光是时间的变化等宇宙最基本关系的直接感性体认，发人深思。

（5）光影的暗示与引导使建筑空间具有序列性

人的趋光性使设计师可以在空间设计中运用光的明暗对比引导人流走向，从而使人明确活动意向。如巴黎橘园美术馆通过光影、明暗、方向、高低等起承转合的手法营造了完美的空间气氛。

三、风的空间体验设计

自然风不仅能够有效地帮助室内环境降温，节约能源、减少环境污染，同时还能够极大地改善室内环境品质。建筑设计中有许多方法可以将风引入建筑，以创造宜人的室内环境。为了保证达到预期效果，通常比较注意设计细节，比如建筑周围的环境、建筑布局、建筑构造、太阳辐射、气候、室内热源等，据此来组织和诱导自然通风。在构件上，通过门窗、中庭、双层幕墙、风塔、屋顶等的设计来获得良好的自然通风效果。

使用自然风的典范之作当属伦佐·皮弧诺的特吉巴奥文化中心，他巧妙地将造型与自然通风功能结合，其贝壳状的棚屋背向夏季主导风向，在下风向处形成强大的吸力，而在棚屋背面开口处形成正压，从而使建筑内部产生空气流动。通过调节百叶的开态及不同方向上百叶的配合来控制室内风速和风向，从而实现完全被动式的自然通风。当风从木格栅穿过时，还会发出瑟瑟音韵。

从体验的角度来说，风的声音对人的感官刺激仅次于视觉图像。风声作为一种大自然的声音，具有一种空灵、神秘与回归的色彩。当人身处其中，风的声音会通过视觉与触觉进入身体：风轻轻地抚摸着肌肤，绿树随风摆动，光与影在风的推动下产生连绵不断的变化，于是知觉体验产生了。如伊东丰雄设计的风之塔，打破了传统的建筑观念，在这里，有形的"墙"被无形的"自然开放"取代，白天，它就像镜面一样映射着城市的色彩，在逆光的状态下内部结构仍然清晰可见；到了晚上，各种颜色的灯会随着周围声音与风速的变化而改变明暗与光线，于是，人们"看到"了风，"看到"了声音，形成一种颇有震撼力的体验。

四、运用自然过程性元素的空间体验设计

建筑体验不仅是对空间的设计，也受到时间因素的影响。人们的

体验不一定会出现在当下，也可能在时间的流逝中、在回忆中重新浮现。在时间的作用下，建筑空间产生体验改变。自然过程性元素更侧重展现自然的有机属性，它们往往在时间层面有所体现。比如植物生长的过程，颜色、形态随季节与时间变化；又如金属的属性会随着时间变化产生化学与物理属性的改变。这些肌理与特征的变化，给建筑带来了不同的自然生命力。

1. 空间体验中的植物生长

植物在生长过程中，会随着季节变化和时间推移，呈现出不同的颜色、质感、肌理，显现出不同的形态，伴随植物自身的成长阶段和季节变化产生丰富的层次感。植物不同的色调、颜色明暗关系都会给环境带来不确定性。另外，通过植物引入，空间可呈现出自然又有韵味的色彩体验，在细微的色彩变化过程中感知时间的流逝，有效地把空间与时间连接在一起，既丰富了空间的感官体验，又增加了一种饱含深意的动态美学，创造出具有生命意义的建筑空间感受。

在建筑设计中引入植物的这一动态变化过程，往往能够给建筑空间带来充满生机、变幻无穷的趣味。如上海余德耀美术馆的入口玻璃大厅，高耸的毛竹随季节变换，不仅产生自然的落叶，也将美术馆的室内空间与室外滨江景色联系在一起。

德国一个组织创造了Baubotanik，意思是利用活的植物进行建筑。他们受到古老艺术中植物形态艺术的影响，提出利用活着的树木建造的建筑系统。这是一种将树木与建筑和城市设计结合起来的方法。如在印度的梅加拉亚活根桥（Living Root Bridge）的设计中，从中东利用植物建造的篱笆中得到启发，利用同一种或不同种类的树木，对相邻的树木进行修剪、弯曲、嫁接或是缠绕，随着时间的推移和枝干生长，它们对彼此施加了越来越大的压力，这一过程导致树木外皮脱落，露出内层组织，两棵树的"管线"因而融合，它们的生命也融合在一起，发展出极具创造性的设计。再如一座三层的柳树塔的设计，将灵活的、充满生命力、具有薄片状树皮的树木（如柳树、悬铃木、梧桐树、杨树、白桦和铁树等）加入金属脚手架等建筑材料，形成了活着的、呼吸的建筑。随着时间的推移和树木年龄的增长，它们的融合关节继续加强，为建筑提供了进一步的负载支持。

再如位于挪威一个小盐水湖边的垂钓博物馆的设计，建筑形体非常简单：一个指向湖面的长45米、宽7米的走廊。建筑外表面的混凝土是由现浇混凝土板构成的，设计师将酸奶涂抹在建筑表面，晾晒几个星期后，混凝土表面长出了苔藓孢子，非常适合当地雨水充沛、大量附着着地衣和苔藓的岩石环境，也表现出混凝土表面的沧桑感。该建筑因此"更具有适应性，更具有雕塑感，更精致地坐落于景观之中"。

2. 空间体验中的材质变化

建筑材料的肌理对建筑的质感往往也有很大影响，不同的肌理能产生截然不同的材质感受。

在各种建筑材料中，金属与自然环境的互动最为明显。暴露在空气中的金属锈蚀，随时间慢慢产生不同的质感。锈蚀过程中金属的颜色会产生微妙的变化，通过这种锈蚀过程和肌理的变化，很容易让人感知时间在流动。对金属材料这种特性的运用，往往可以形成独特的效果，使得材料携带着时间和历史的气息，带来建筑与自然的呼应。一些展览建筑、室外雕塑等有特殊意义的建筑空间，往往运用金属锈蚀的手法获得特殊效果。如2010年上海世博会的澳大利亚馆，建筑外部材料大量采用耐风化钢，每天因湿度、温度变化产生不同层次的色泽和质感，通过色彩的变化，展馆与外部空间建立了有机联系，也使得人们在以人造空间为主的展览园区内感受到大自然的威力。而另一些金属如黄铜，其材质不易锈蚀，经过长期使用会自然形成包浆，质感强烈，有一种朴实的古拙感和浓浓的旧化感。斯蒂文·霍尔在他的设计作品中常使用铜合金，这种金属裸露在户外时常泛出红红的铜锈色。

石材在经过日晒雨淋、自然风化后，色泽也会发生变化。古希腊的神庙最初是红色，经过数百年的光阴，其外表的涂料色彩已经完全褪去，露出石材本色，而白色大理石也开始出现变黄变黑的迹象。在时间的作用下，呈现出沧桑的历史感。

3. 空间体验中的季节和天气变化

春夏秋冬的季节和阴晴雨雪的天气变化都使建筑处于不同的景色陪衬之下，这也是建筑师表现建筑作品风格的一种方式。

如晴天时，太阳光线一般是极浅的黄色，早上日出后两小时显橙黄，日落前两小时显橙红，建筑在朝霞和夕阳映照下色彩艳丽，是一天中最富表情的时刻。天气变化给自然光源带来了色彩的丰富性。阴天时，太阳光通过云层的折射显出冷色调，使建筑笼罩在清凉的色彩之中。如丹麦的 Summer House，因靠近 Danish 海岸线，日照与风力条件都较好，建筑最外层由棕色的铁网拼接而成。建筑师在房屋的周边种上爬藤植物，这样到了夏季，植物遍布满整个房屋表面，使建筑外表变为绿色；到了冬季，植物枯萎，房子又呈现出原来的棕色。

又如手冢贵晴和手冢由比设计的日本 Matsunoyama 自然科学博物馆（松之山自然历史博物馆），考虑到当地常常有暴雪等特殊气候，在建筑设计中利用开窗，使参观者能看到纯净白雪的剖面景象，也能看到任何形态的积雪变化；夏季冰雪消融，窗外是一片郁郁葱葱的森林景色。这就有效地将周遭的自然环境转化为展览内容，营造出戏剧性的情境变化。

第五章 >>>>

建筑体验的
空间关系

绘画、雕塑等艺术，人们能够一眼看到它们的全部；建筑艺术却不同，作为三维空间实体，人们不能一眼看到它的全部，只有在连续行进的过程中，从一个空间走到另一个空间，才能逐一看到它的各个部分，不断接收到空间造型、色彩、样式、尺度、比例等方面的信息。人在行进中连续变换视点和角度，从而对建筑空间形成整体体验。

一、空间关联的体验性

从建筑的一个空间到另一个空间，通过强调此与彼空间的关联性，可营造一种空间序列的连续感，从而在两个空间之间建立体验关系。这种在两两空间之间建立的关联方式有：对比、重复、渗透、过渡、引导与暗示、绵延与记忆、窥视、再框等。

1. 空间对比

相邻的两个空间，如果呈现出某种明显的差异，可以借助两个空间的对比关系，使人们从这一空间进入另一空间时感受情绪上的冲击并进而获得审美快感。

（1）高大与低矮之间

借高大与低矮不同空间的对比来突出大空间的主体地位。在通往主体大空间的前部，有意识地安排一个极小或极低的空间，通过这种空间时，人们的视野被极度压缩，一旦走进高大的主体空间，通过体量的对比更能显示高大空间的雄伟，使人的精神为之一振，也使高大空间立即成为人的精神中心。如赖特设计的古根汉姆美术馆，展出部分沿外围层层挑台螺旋而上，每层的空间都十分低矮，而它环绕而成的中庭空间却非常高大，这种低矮与高大对比形成强烈的心理和情绪上的变化。

（2）开敞与封闭之间

建筑空间的开敞与封闭，是针对是否开窗或开窗多少而言的。封闭的空间是指不开窗或少开窗的空间，一般较暗淡，与外界较隔绝；开敞的空间就是指多开窗或开大窗的空间，较明朗，与外界的关系较密切。当人从封闭空间走进开敞空间时，必然会因为强烈的对比而顿时感到豁然开朗。如安藤忠雄设计的水教堂，参观者先走到一个四面以玻璃围合的方形入口，整个空间充满自然光线，使人感受到宗教礼仪的肃穆；然后走下一个旋转的黑暗楼梯来到三面封闭一面开阔的教堂，面前是大面积的平静水池，任凭人在此冥想。人在经历第一次的光明后，通过那段旋转的黑暗楼梯的封闭空间，到达下一个开阔空间，视野瞬间得到开放，加强了人的兴奋感，因为强烈的对比而使人感到精神振奋。

（3）不同形状之间

两个不同形状的空间相邻会形成对比效果，虽然这种对比较前两种形式的对比，对人们心理上的影响要小一些，但是也可以达到增加空间变化和破除单调的目的。另外，较特异的空间形状容易成为重点。如意大利文艺复兴时期著名的圆厅别墅，平面正方，四面一式，第二层正中是一个直径为12.2米的圆厅，四周房间依纵横两个轴线对称布置，为方形空间。这种圆形和方形的组合打破了空间的单调感，二层的圆形大厅成为空间的重点。

（4）不同方向之间

建筑空间多为呈矩形平面的长方体空间，但即使同是矩形，也会因其长宽比例的差异而产生不同的方向性，有横向展开的，有纵向展开的，若把这些长方体空间纵、横交错穿插组合在一起，常可借其方向的改变而产生对比效果，这种对比有助于破除单调感而求得变化。如德国柏林犹太人纪念馆空间中，与前进方向在平面上呈折角或直角的空间使人有趣味感。

（5）不同标高空间之间的对比

一般情况下，处于高地的空间容易成为重点和趣味中心。如勒·柯布西耶设计的法国拉图莱特修道院的礼拜堂，局部抬高一部分楼面产生一块独特的空间区域，这块区域为庄严、神圣的高祭坛空间，其功能和地位高于祈祷区，这就是因不同标高而产生的空间属性变化。

2. 空间重复

同一种形式的空间，如果连续多次或有规律地重复出现，可以形成一种韵律节奏感。在空间组织中，往往可以借某一母题的重复或再现来增强整体的统一性。

贝聿铭设计的苏州博物馆新馆平面运用同一种矩形展厅，通过走廊、内庭等其他形式的空间互相交替、穿插地组合成为整体。参观者在行进过程中，通过追忆感受到的矩形空间和长而窄的走廊空间不断重复交替出现而产生一种节奏感。

黑川纪章设计的中银舱体大楼由两幢分别为 11 层和 13 层的混凝土大楼组成。中心为两个包括电梯间和楼梯间、各种管道的钢筋混凝土结构的"核心筒"，其外部悬挂140个规则长方舱体。每个长方舱体形态不断重复出现，空间序列简洁明晰，出现了如音乐一般的节奏感。

3. 空间渗透

空间渗透是借助建筑空间的界面开放，实现内外空间的相互融汇。建筑空间的界面是地面、屋顶、墙面围合而成的实体边界；也指建筑内部空间与外部空间之间的交界面。通过空间渗透消解了建筑生硬的界面和封闭的空间，使空间发展成灵活的、动态的形象，使空间与人可以沟通和对话，人得到空间体验感和满足感。

（1）内部空间之间的渗透

两个相邻的空间，如果在分隔的时候不是完全隔绝，而是有意识地使之互相连通，各部分空间就自然地失去了自身的封闭性，而必然和其他部分空间互相连通、贯穿、渗透，从而呈现出极其丰富的层次变化。如密斯·范·德罗在1929年为巴塞罗那世界博览会设计的德国馆主展厅，长大约25米，宽大约15米，展厅内部使用一系列玻璃和大理石材质隔断墙，纵横交错，形成虚实相生、似分似隔的空间秩序。它们有的延伸出去成为院墙，有的分隔室内空间，由此形成了一些既分隔又连通的半封闭半开敞空间，室内各部分之间、室内与室外之间相互穿插，没有明确的分界。

使用特殊界面材料，如借助透明的或半透明的材料、镂空材料等，可使空间与空间之间的界限感弱化甚至消失，空间各部分联系加强，彼此之间的界限削弱，实现视觉上的对话。如妹岛和世和西泽立卫设计的托莱多艺术博物馆，采用透明玻璃作立面材质，使得建筑实体本身的存在感减弱、开放性增强，参观者可以同时看到多个空间内的活动，甚至还能将室外的景色融入室内空间，形成丰富的视觉层次。

改变界面形式，一种方式是通过削弱墙体，使多空间结合起来，建立一个具有新的场所秩序、相互渗透的整体。如斯图加特保时捷汽车博物馆的空间设计，通过平台、坡道和局部台阶等楼板标高的微高差处理，形成一个无分割的、变化丰富的整体空间：使用者可以在此发生参观、停留、休息、交流等多种行为，更有师生利用台阶、斜坡等微高差形成的"小型阶梯教室"进行互动讲授与学习。另一种方式是墙体还存在，多空间相互通透，增加空间与空间之间的连续性。如妹岛和世的李子林住宅设计，先建立起一个住宅的完整体量，之后在这个大体量中用带有窗洞的墙体进行分割。内部墙面上的"窗"只有窗洞而没有安设玻璃，虽然有隔墙存在，但是空气、光线、声音却可以在建筑中自由穿行，墙体只是确定了空间的形状但并没有将人们的活动隔绝。通过对墙壁进行开洞处理，空间向各个方向延伸出去，形成了一个完整而内部"透明"的住宅体量。

通过楼梯、夹层的设置和处理，使上、下层乃至多层空间互相穿插渗透。如华盛顿国家美术馆东馆中央大厅，巧妙地设置和利用夹层、廊桥而使数层空间相互穿插、渗透，从而极大地丰富了空间层次的变化。当参观者自下往上看时，视线穿过一系列的楼层、廊桥、楼梯、挑台而直达顶部四面锥体的空间网架天窗，垂直方向的上下层空间彼此交错、互相渗透，体现了强烈的空间趣味。

（2）内部与外部空间之间的渗透

通过开设门洞、窗洞、空廊，把外空间引入内空间，把内空间延伸到外空间，创造内外空间的视觉过渡，以此模糊内外空间的界限，达到内中有外、外中有内的效果。如伦敦海德公园蛇形画廊展亭，不规则的结构创造出不同的空间，处在内部空间的人可以很好地观赏室外景观，模糊了室内外的界限，得到一种身处自然的感受。

利用透射材料使视线穿过，可以扩大空间；利用反射材料可以扩大景域，比如利用镜面或水面。如卢浮宫扩建工程的金字塔，正是运用了玻璃的"透"的特点而使广场空间连续，并使地下空间与地上的自然环境、历史古迹渗透交融。它一改金字塔沉闷、封闭的形象，让人们在内与外的交织中感受玻璃体带来的空间流动性和时空连续性，消除了室内、室外明显对立的关系，使建筑与环境整体融合一致。再如高层建筑运用反射度比较高的玻璃作为建筑外表皮的主要材料，通过玻璃反射天光和云彩来达到让建筑物融入周围环境的目的。

（3）空间与城市的渗透

建筑正突破自身功能体系的范畴介入城市环境，越来越多地接纳原本属于城市的职能。通过这种城市、建筑一体化综合体系，建筑与城市相互咬合、连接、渗透，使得两个环境层次之间的隔阂越来越模糊。

通过过渡空间营造半开放的空间格局，实现建筑与城市的共享，成为连接人与城市、人与建筑、建筑与城市的一个契机。如多米尼克·佩罗设计的法国国家图书馆，这座图书馆没有围墙，没有大门，以四幢直插云霄、相向而立、形如打开的书本似的钢化玻璃结构大厦为主体，四座大厦之间由八个足球场大的木地板广场相连。从木地板广场中央向下看，是一片绿色的森林，围绕这片绿色森林的是二层阅览室，人们可以从阅览室看到室外景观。被抬起的广场成为城市空间向建筑空间转换的外向性中介空间，下沉花园又转变为静态和中性的内向性中介空间。这片广场为人们提供了一个开放的、自由的和激动人心的环境。

再如斯图加特美术馆新馆的设计，利用一条曲折的城市公共步道，从新馆背后的厄本街开始，横跨东面展室，沿陈列庭院院墙盘旋而下，穿过上层的陈列平台，下到入口平台。人们从厄本街走上步道，从位于新馆东面的图书馆及办公楼旁擦身而过，在曲折盘旋的行进过程中，可以俯览庭院中陈列的雕塑品，可以远眺城市风光。这条公共步道使新馆同整个城市紧密地结合起来，成为城市景观的一个有机部分。

（4）空间与自然的渗透

① 空间顺应自然

建筑的整体布局根据自然场地展开，建筑群体之间空间布局关系等有机地依附于自然中。如崔恺设计的杭帮菜博物馆，建筑的原始用地在依山傍水的江洋畈原生态公园。设计师依据自然地形和景观对建筑体量进行分散处理，使建筑的主立面顺应钱王山的山体走势，建筑的整体布局有机地与自然环境结合在一起。

② 空间引入自然

建筑空间直接引入风、水、光等自然元素，营造出优美的空间意境，让人们直观地体验自然情感，满足回归自然的意愿。如斯蒂文·霍尔设计的美国西雅图大学圣·依纳爵教堂，屋顶采用斜向设计，直接面对太阳，让自然光充分地进入内部空间；同时让人们在建筑内部就可以仰望天空，产生一种对"天堂"的向往，创造了教堂静谧神圣的空间气氛。

③ 空间隐喻自然

通过空间的围合、组织和转换，使人们产生不同的情感。如中国美术学院象山校区的11号教学楼，楼体面向北侧的象山，顺势起伏的建筑形态变化隐喻了山体的延绵和走向，营建了一个微型的山林系统，将游赏山林的意境和趣味微缩到建筑中。

4. 空间过渡

在两个大空间之间插进一个过渡性空间，它就能够像音乐中的休止符或语言文字中的标点符号一样，使空间之间"段落分明"并具有抑扬顿挫的节奏感，使人产生深刻的印象。如安藤忠雄设计的水教堂，在场地中挖出一个90米×45米的人工水池，在其对面设计了两个长度分别为10米和15米的正方形，并用一道"L"形的独立混凝土墙将两个正方形环绕起来，在这道长长的墙外面，人是看不见水池的。当人走过一条坡道来到四面以玻璃围合的入口，空间充溢着自然的光线，如同一个光的盒子，使人感受到宗教礼仪的肃穆；接着，人们从这里走下一个旋转的黑暗楼梯来到教堂里，水池在眼前展开，中间是一个十字架，在此，人们可以直接与自然接触，面对自我。此建筑中的黑暗楼梯间联系了两个明亮的空间，使人在通过入口进入主教堂时必定产生深刻的印象。

某些建筑采取底层透空的处理手法，人们需经过底层空间再进入上部室内空间，透空的底层空间起到内、外空间过渡的作用。如勒·柯布西耶设计的巴黎瑞士学生公寓，底层架空作为建筑中功能空间的连接、过渡与补充，为使用者提供交流场所或视觉变换、心理缓冲等多种功能。再如"合院空间"，是历史最为悠久的建筑过渡空间形式之一。在建筑内部设置与外界沟通的院，把自然引入建筑内部，为建筑的自然采光、通风节能等带来便利。

"空中花园"也是一种"过渡空间"形式，它利用减法法则，用庭院绿化取代建筑的局部形体，使原本埋藏在建筑内部的形体暴露出来，使这部分空间重新获得采光与通风，弥补了由于疏离地面而导致的人与自然隔离的缺陷。"空中花园"既可单独出现，作为建筑外形上的重要构成要素，也可以组合出现，产生独特的韵律效果。如法兰克福商业银行总部，每隔三层就有一个三层通高的"空中花园"。

5. 空间引导与暗示

在设计时采用空间要素的引导与暗示来对人流进行引导，使人们按照一定的路径到达想要去的区域，来获取"柳暗花明又一村"的空间体验。

通过墙体开启与围合的方式，使空间在墙体之间穿行，使流线得以迂回穿越于室内空间，在人们沿着墙行进时，逐渐感知各种空间。如松本市民芸美术馆中设计的弯曲墙面，人会不期然地产生一种期待感——希望沿着弯曲的方向而有所发现，不自觉地顺着弯曲的方向进行探索，于是便被引导至某个确定的目标。

利用地坪的高低暗示空间的重要性。比如利用特殊形式的楼梯或特意设置的踏步来联系这种高低地坪，暗示上一层空间的存在。如矶崎新设计的深圳图书馆门厅的楼梯，起到引导人流的作用。

利用地势较高的景点或建筑实体自身的高度优势，在较远处形成诱人的景观，也能很好地起引到导人流的作用，使人流沿着通向它的路径来到一些观者预先不知道的重要空间。如苏州虎丘，处于制高点上的虎丘塔掩映于枝叶扶疏的远方，具有极大的吸引力。借助它便可以引导人们循着一级级弯曲山道来到剑池景区。

利用单一狭长的矩形空间对身处其中的人心理上产生的引力，可以起到明显地引导人流行进的作用。如园林中狭长的游廊，利用其空间场的延续，向人们暗示沿着它所延伸的方向走下去，把人在不知不觉间引导到某个确定的目标。

利用漏洞、暗窗等形式来暗示其他空间的存在，从而把人们从一个空间引入到另一个空间，还能引发人们倚窗观赏的兴趣。

利用天花、地面处理，形成一种具有强烈方向性或连续性的图案，也会左右人前进的方向，有助于把人流引导至某个确定的目标。

利用空间的灵活分隔，有意识地使处于这一空间的人预感到另一空间的存在，则可以把人由此一空间而引导至彼一空间。

动态形式的暗示与诱导。如一些大型商场的自动扶梯，很大程度上诱导着人们不自觉地上到更高一层的商场去购物，甚至逛完整个商场楼层。

色彩及材料的暗示与诱导。如某些餐厅的室内设计，利用一些很自然的材料或绿色植物装饰，暗示餐厅的经营风格是以绿色食品为主。

灯光的暗示与诱导。如在歌舞厅里，灯光都会比较暗淡，所以当人们在歌舞厅迷宫一般的弯曲走廊里的时候，不自觉就会朝着比较光亮的空间走去，所以光亮的地方一般设计为公共区域，相对较暗的空间就设计为双人或少数人的包间了。

6. 空间绵延与记忆

将时间纳入建筑空间中，各个事物的特征不可能瞬间同时显现，而是在时间绵延过程中一一展现出来。此时，人对建筑空间的感知通过行走的动态获取，在移动的过程中，人们在空间中对每个瞬间的视觉片段进行选择、提炼、叠加，才获得连续的整体空间认知。

如在斯蒂文·霍尔的建筑中，收容和安顿了人的冥思与遐想、间隔与停顿，时间被多视角场景、扭曲的空间、延展的流线消耗着，将人与室内空间的关系变得微妙而漫长。人们在体验室内环境的过程中，一个完整的场所意义的获得来自对许多场景"碎片"的整合。时间容纳人们的联想与思考，使内心得以超越眼前的场景与片段而投身于生命经历的印象之海，虽然个体的记忆各具情态，但这些场景"碎片"经过人内心的整合与诠释产生了各自新的意义，拨动着人们的心弦，从而使人们产生对室内环境的深层共鸣。

7. 空间窥视

希区柯克的电影《后窗》中每个窗框都犹如一位叙述者，室内景象则是叙述的故事，由于窗框的位置不同，叙述的故事内容也会有所不同，影片中看似平常的建筑实则是为拍摄电影而专门建设的一栋窥视建筑。电影的拍摄手法引申出建筑设计手法，即将建筑中的窗户作为独立思考的部分出现，窗户被放大而成"窥视孔"，透过窗户的窥视，得到更富有想象力和感染力的体验感。

张永和的设计作品从"窥视剧场"到"取景框"再到"后窗"设计，窗户一直是与"窥视"行为相关联的主体元素。如张永和设计的幼儿园，本身就是一个游乐场，他利用了生活中最平常的"看"的现象：儿童是一个极富创造性的群体，除了玩固定游戏，还会利用室内空间进行即兴再创造，"发明"一些新的玩法。根据儿童本身好奇心强、想象力丰富、爱观察等特点，张永和把幼儿园定位成一个视觉游戏场，每个窗口都能成为孩子进行视觉游戏的媒介。窗子不仅是为了激起儿童观察空间的兴趣，利用窗子不是为了观景的需求而是为了引导儿童向外"窥视"。

8. 空间再框

如同西方绘画的透视点是聚焦观察者和实际景物之间关系的三维空间平面化过程，建筑空间再框是空间中作为主体的人的体验。"再框"在设计上的意图是指通过观者的凝神细视而有目的、有意识地对实际景物进行物化，景观的平面呈现被再次框定，它有别于中国传统园林设计中叙事空间的框景——步移景异的时空关系，它借鉴电影文学的方式，重新探讨空间、时间与景物之间关系的新的可能性。

如王维仁设计的杭州西溪湿地三期项目，整个建筑由一系列大小不同的长方盒体组成，每个长方体的两端是玻璃，盒体的柱面为墙体，相互穿插在两条更大尺度的伏地体量上。在人们还没有进入室内进行观赏时，这栋朝各个方向伸出犹如摄像镜头般的玻璃面的建筑便与它周围的水景交织出丰富的景观。当人们徜徉其中时，建筑的玻璃面就形成取景框，通过取景框将湿地水景引入室内；人们穿行于室内各式楼梯与不同高差的平台间，随着视点和参照点的变化，透过取景框重新组合了原有场地的景观而成为概念中的连续风景。人们在观景器里欣赏风景，犹如在观看电影一般，一幕幕连续的画面在时间里绵延，在记忆里游走。

二、空间动线的体验性

1. 空间与运动

人们观赏建筑，不但能从其外观获得感受，同时还可以进入其中并在行进中感受建筑空间之美。由于运动的介入，使得建筑空间不仅涉及空间变化的因素，同时涉及时间变化的因素。

人在建筑中的运动形式，大体有以下这样几种：人静止在某一空间中，人的视线在空间中运动，环顾四周，视角不同对空间的感受不同；人静止在某一空间中，人的视线不动，而周围的物体在运动。随着时间的变化，空间"时移景异"，人因此感受到空间的丰富性；从一个空间行进到另一个空间，人在空间中移动，人的视线不断地感受着随运动而展示出来的空间形态，即"步移景异"。这也适合多空间的运动过程。人在空间中活动，空间需要有与人的活动相适应的尺度。

所以，建筑空间要与人的运动形式相适应，形成一种连续的、有序的、整体的有机群体。只有这样，参观者才能不单在静止的情况下获得对建筑空间良好的观赏效果，而且在运动的情况下也能对多空间的变化获得良好的观赏效果，特别是沿着一定路线看完全程后，参观者能感到既协调一致又充满变化，且具有时起时伏的节奏感，像音乐一样优美的建筑之美，留下完整、深刻的印象。

2. 空间动态性

在《中文大辞典》中"动"的解释是：脱离静止状态或改变原来的位置和姿态。"动态"的解释是：运动中的状态、状况。[①] "动态性"令人首先想到与运动有关的具体事物，而建筑空间的"动态性"是什么？建筑空间也能动吗？建筑空间怎么动？

长久以来，建筑都被看作是一种固定的形象。布鲁诺·陶特设想的升降建筑是利用机械设备进行升降的可充气结构，气囊内的空间可以膨胀或者缩减；赫曼·兹伯格设计的水上别墅是可以通过手动或电控随着太阳和景观变化而转动的住宅空间。在这些建筑设计案例中，建筑空间呈现出一种本质上的运动状态，并且这种真实的运动可以被我们直观感受到，如空间位置的移动、空间大小的变化、空间方位的改变。这种基于客观物理运动呈现出来的动态性被称为客观动态性。

我们也会遇到这样的情况：明明没有运动的物体，却能使人获得一种运动感。荷兰建筑师罗伯特·梅耶和杰罗恩·乔顿设计的位于阿姆斯

---

① 林尹，高明主编，中文大辞典（全10册Ⅱ种Ⅱ档）[M]. 台北：中国文化大学，1990.

特丹南轴线上的ING银行办公楼右侧紧邻一条高速公路，建筑师于是将
它处理成一个架在巨大支架上的流线型形体，令人联想到汽车的流线型
轮廓，直接指向速度意义，呈现出一种戏剧化的运动效果。不是借助客
观物理运动的发生，而是通过非直观方式与运动事物的相关性而获得的
动态性就称为主观动态性。当人们沿着一定的路线行进在建筑空间中，
建筑空间与人相联系、对话，人因而感受到空间，空间也影响人的感
觉。在这一过程中，人对建筑空间中的各种视觉元素如形状、体积、色
彩以及关系元素如位置、方向、重心等形成如"运动感""速度感"等
诸多心理感受。

　　主观动态性是建筑动态性探讨的主要内容。通过感觉与运动的相
互统一，向人们暗示不动的物体或者空间何以使人获得运动或者可动的
感觉。人对空间的感知是多方位的。

　　3. 空间动态的形态体验

　　原型空间的不规则处理以及组合使当代空间形态呈现出越来越多
的非线性以及混沌状态，表现出动态感受。

（1）空间的动态复杂性

当代建筑空间突破了传统建筑空间形式法则的限制，含混与模糊逐渐替代清晰与明确。通过对建筑空间和墙体进行巧妙分层、分割、切片或重新分布等，建筑空间限制被打破，实在的形体化为有机的、鲜活的、各具形态的、不确定性的动态复杂围合空间，使用者从传统的封闭空间中解脱出来，自由地活动、自在地联想，体验建筑空间本身带来的丰富精神意境，空间也呈现出充满视觉张力的动势。

① 空间形态的不确定性

通过对原型空间的倾斜、错动等或是对原型空间组合进行交叉、旋转、移位等不规则处理，使处理后的空间看上去有一种逐渐偏离或接近正常稳定状态的趋势，从而产生充满动态的空间感受。如里伯斯金设计的柏林犹太人博物馆，由一条蜿蜒曲折的"之"字形折线和一条被折线分割为许多片段的直线构成非连续空间，人们经过它的各个空间片段，倾斜并连续变化的墙面、尖锐的透视视角，创造出一种感官上的强烈冲击，表现了形体企图回归平静却无法回归的压抑，传达着感伤情绪。

② 空间形态的破碎性

通过折断、劈开、破碎和穿透等，使建筑空间自身发生扭曲和冲突，从而产生充满动态的空间感受。里伯斯金设计的帝国战争博物馆北馆有一个模仿地壳受冲击形成的废墟空间，将空间的整体形态击破和扭曲变形，然后重组，空间的动态性得到充分表达，创造出能使人们体验到生命的意义、悲剧性、牺牲和命运等种种冲突的战争主题空间。

③ 几何空间的新释义

建立在欧几里得几何学基础上的建筑形式和比例具有固定的、精确的、可重复的特征；随着人们对空间认识的发展，结合新技术和新形式，几何空间也越来越具有整合或再现复杂、矛盾、开放、断裂、混杂的、非理性的空间形态的特征，从而产生充满动态的空间感受。如梅赛德斯—奔驰汽车展览馆的设计，其屋顶、地面和表皮系统结合了汽车工业的先进技术，由铝板、百叶和玻璃所组成的光滑表面暗示了奔驰汽车的躯体；和外表面一样具有多样化倾斜和弯曲特征的各层楼板联系最上层和最下层空间的视线和流线，加上大跨度的开放空间和复杂表面，创造出一种流动的空间形态。

（2）空间的匀质流动性

各个建筑空间不再有确定不变的关系，通过空间边界的模糊性和空间密度的轻薄性两种手段，空间逐渐趋向匀质的宁静和沉默。

① 空间边界的模糊性

边界是划分不同空间的实体构成或媒介。当空间边界变得模糊时，空间的形体感便遭遇弱化，此空间与彼空间的关系呈现出一种暧昧的状态，空间此通于彼，彼流于此，引发了通畅、圆滑、流动的动态美感。

使用特殊界面材料，可获得模糊性。如借助透明的或半透明的材料、镂空材料等，使空间与空间之间的界限感弱化甚至消失，视觉空间得以扩展，获得一种较为广泛的空间秩序。不同的空间位置能同时获得感知，这种空间在连续的运动中，变幻莫测，空间具有更多包容性和连续性。加强空间各部分联系，削弱彼此之间的界限，实现视觉上的对话。如位于乌克兰基辅的 Odessa 餐厅，采用按照一定间隔排列的麻绳作为分隔不同区域的界面，人们在同一视觉范围内能够感知多个空间，空间与空间之间既有一定形式上的界限，又保持了隔而不断的连续性。

改变界面形式，也可获得模糊性。一种方法是通过墙体的消失，使多空间结合起来，建立一个具有新的场所秩序、相互渗透的整体。如斯图加特保时捷汽车博物馆的空间设计，通过平台、坡道和局部台阶等楼板标高的微高差处理，形成一个无分割的、变化丰富的整体空间：使用者可以在此发生参观、停留、休息、交流等多种行为，更有师生利用台阶、斜坡等微高差形成的"小型阶梯教室"进行互动讲授与学习。另一种方式是墙体还存在，多空间相互通透，增加空间与空间之间的连续性。如妹岛和世的李子林住宅设计，先建立起一个住宅的完整体量，之后在这个大体量中用带有窗洞的墙体进行分割。内部墙面上的"窗"只有窗洞而没有安设玻璃，虽然有隔墙的存在，但是空气、光线、声音可以在建筑中自由穿行。墙体只是确定了空间的形状但并没有将人们的活动隔绝。通过对墙壁的开洞处理，空间向各个方向延伸出去，形成了一个完整而内部"透明"的住宅体量。

转换界面原义，也是获得模糊性的一种途径。通过各分隔围合界面要素之间的融合与转换，使得空间里的"墙""顶""地"失去传统意义上的明确定义，"墙"可以转化为"顶"，"顶"可以转化为"地"，形成流动的、连续的、富有动感的空间状态。如远藤秀平设计的日本兵库县新宫町巴尼帕勃雷斯公园卫生间，整个空间是由一个带状界面卷曲而成，外部墙体折叠弯曲成内部地面然后又转化为另一个空间的天花板，界面实现了流畅的转换，各界面的上与下、内与外、前与后完全混淆，形成一个混沌的连续整体，空间内外得以融合，传统意义上的界面概念被消解。

②空间密度的轻薄性

空间密度①的轻薄性是对空间虚实的探讨。不同的空间密度往往形成不同的空间感受。越接近虚无的空间，越容易让人感受到动态的存

---

① "空间密度"（Spatial Density）是德国学者约迪克（Jurgen Goedicke）在他的著作 *Space and Form in Architecture* 中提出的概念。他认为，界面之间的距离与光线的强弱决定了空间的密度。随着距离的不断增大或光线的增强，空间密度不断降低，若距离增大至无穷大，则称之为"虚空"；相反，随着距离的不断减小或光线减弱，空间密度不断增大，若距离减小至无穷小，则称之为"实体"。

在，就像庭院，我们可以将其看作底界面和顶界面距离无穷大的空间，它的空间密度自然小于室内空间。当人们经由室内进入庭院或仅仅是一览庭院景色，都会感到空间密度的变化。

如伊东丰雄设计的仙台媒体中心为使用者带来了足够的自由度和开敞性，所有的轻质材料都只能限定一个模糊的范围，而无法确定区域，从而营造出瞬间的围合感。层与层之间通过钢管束柱的延伸促进了视线的交流，而各层的独立性又使空间水平感被强调出来，空间差别的存在，在一种欲言又止的感觉中使无限可能性在空间转化中展开。空间在不断延展的变动中显示出失去重量后的轻盈性和短暂性。

（3）虚拟化空间中的互动

信息技术与媒介之于建筑空间的影响，几乎到了无孔不入的地步，各种信号（文字、图像、声音、气味等）通过对感官（视觉、听觉、触觉、味觉、嗅觉等）的刺激在人的意识中建立起非物质实存的虚拟空间，人与空间开始展开互动：电子网络的通达性一方面构建着虚拟实境与物质世界之间的联系，另一方面也使不同时空维度下的现实空间达成同步交互，赋予空间动态性新的意义。空间从现实中走出，在虚拟中展开，进而走向无止境。

如珍妮泽尔设计的 Helmut Lang 纽约新香水店，空荡荡的店铺里只有一个柜台，里面放着寥寥几瓶科隆香水，在这里，空间被视为所有一切中最奢侈的东西，衬托了商品的唯一性和珍贵性。而店铺中的特殊装置——发光二极管在墙上不断翻滚着这样一首诗："我走进来。我看见你。我注视着你，我等待着你，我呼吸着你，你的味道留在我的皮肤上。"数字技术提供的虚幻图景和声音与现实空间结合起来，香气的弥漫以及跳跃的视频信息，建立了空间—香水—人三者之间微妙的关系，充分调动了人的视觉、嗅觉、听觉和心灵的无限遐想，平添了空间的叙事性和诗意。

三、空间动线和空间序列

1. 空间动线

人在室内室外移动的点联结起来就成为动线。组织空间序列，首先应设置一个主要动线，使人沿动线进入一连串空间，才能形成空间序列。

动线安排往往由两部分构成，一是固定构造物及摆设，另一个则是人流、物流的路径。二者可因设计变动而相互影响，何者为主体、何者为客体视空间塑形的指导原则而定，也会因空间微调而主客异位。涉及具体设计时，空间大小，包括平面面积和空间高度、空间相互之间的位置关系和高度关系以及家庭成员的身心状况、活动需求、习惯嗜好等都是动线设计时应考虑的基本元素。交通动线设计好了，空间配置便大致决定了。

动线布置的方式。动线的布置可有多种多样的变化，常见的有串联式、放射式、大厅式、放射串联式、走道式等，但究其原型，则是放射式和线性式两种类型。

（1）放射式

以中心或者中庭为核心，动线向四面放射布置，以人流的交集强化其中心效果；以体积、空间视觉的特异性，在视觉上进一步加强其核心效果。

放射式以交通中心为核心。如马里奥博塔设计的美国旧金山现代艺术博物馆，当观众进入博物馆时，中庭里极具雕塑感和装饰性的楼梯作为交通中心几乎占据了整个中庭，楼梯四周四根圆柱支撑着博物馆标志性的圆筒天窗，带来了丰富的光影变化。

作为核心的交通中心，同时也可容纳其他行为活动。如贝聿铭设计的美国国家美术馆东馆，巨大的三角形中庭，高达24.4米，面积1486平方米，其首先是集散、交通空间，观众从这里可到达各水平展室，又经由垂直交通与其他层展室相联系，横跨中庭的桥梁还是连接展室的桥梁。观众在中庭和展室之间不断流动，变换着视觉环境，避免了"博物馆疲劳"的产生。该中庭同时也被称为"人民空间"，它是公众聚集的场所，充满艺术活力，欢快而轻松，经常开展内容丰富的展示、表演、集会等公众活动，体现了高层次艺术与大众娱乐的结合。

承担部分交通功能的非交通中心核心，作用主要是视觉中心或活动汇集中心。如詹姆斯·斯特林设计的斯图加特国立美术馆新馆，步行道结合圆形的雕塑庭院设计，沿步行道行走，不能进入庭院，但可以欣赏庭院内的雕塑，那里人流密集、展示内容异彩纷呈、丰富鲜艳，那里有雕塑供欣赏，还有可以随意搬动的轻便座椅等。参观者在门厅可以选择上二楼的楼梯、去临时展厅的廊道、报告厅的入口和可以隐约见到的咖啡厅，但第一次来的参观者更多会被作为核心的露天雕塑庭院所吸引。

（2）线性式

线性式动线布置有引导性线性和匀质性线性两种。

引导性线性式，即动线呈现有组织的结构，具有一定的引导性，引导人在特定的动线中行进，获得特殊的建筑空间体验。如安藤忠雄设计的京都府立陶板名画庭，沿着坡道曲折而下，穿越混凝土片墙分隔的空间，场所移动的同时，光影也不断变化，展示在画庭中的陶板名画一幅幅进入观众视野；同时，观众还能听到变化的落水声，层层展现使人获得一种新奇的建筑空间体验。

匀质线性式，即动线结构呈现匀质状态。如伦佐·皮阿诺设计的比耶勒基金会博物馆，不同空间之间有非常多的连通，动线呈典型的线性，且非常灵活、无明确空间指向性，人可根据自己的需要自由地选择。

2. 空间序列体验

（1）完整的空间序列组织

通常一个较复杂的空间序列组织需要有前奏、引子、高潮、回味、尾声，是一种空间序列与时间因素的有机统一。即主要人流必经的空间序列，应当是一个完整的连续过程 —— 从进入建筑物开始，经过一系列主要、次要空间，最终离开建筑物。沿主要人流路线逐一展开的空间序列必须有起有伏，有抑有扬，有一般、有重点、有高潮。

一个有组织的空间序列的全过程一般可以分为以下几个阶段：

① 起始阶段

为序列的开端，开端的好与坏所带给人的第一印象在任何时间艺术中都十分重要，应予以充分重视。作为进入建筑物的开始阶段，为了有一个好的开始，必须妥善处理内、外空间的过渡关系，只有这样，才能有足够的吸引力把人流由室外引导至室内，并使观众既不感到突然，又不感到平淡无奇。

② 过渡阶段

它既是起始后的承接阶段，又是高潮阶段的前奏，在空间序列中起到承前启后、继往开来的作用，是序列中关键的一环。

③ 高潮阶段

高潮阶段是空间序列的中心，没有高潮的空间序列必然显得松散无序，不足以引起人们情感上的共鸣。从某种意义上讲，其他各个阶段都是为了高潮阶段的出现服务的，因此序列中的高潮阶段是精华和目的所在，也是空间序列艺术的最高体现。一个有组织的空间序列中高潮的产生，要把体量高大的主体空间安排在突出的位置上；还要运用空间对比手法，以较小或较低的次要空间来烘托它、陪衬它，使它得以突出，使充满期待的心理获得满足并激发体验感受，方能成为控制全局的高潮。

④ 终结阶段

由高潮恢复到平静。恢复正常状态是终结阶段的主要任务，它虽然没有高潮阶段那么显要，但也是必不可少的组成部分，良好的结束似乎余音绕梁，有利于对高潮的追思和联想，耐人寻味。作为序列的终结阶段，不应草率对待，否则就会使人感到虎头蛇尾，有始无终。

良好的空间序列设计，宛如一部完整的乐章、动人的诗篇。空间序列的不同阶段和文章结构一样，有起、承、转、合；和乐曲一样，有主题、有起伏、有高潮、有结束；也和戏剧一样，有主角和配角，有矛盾对立面，也有中间人物。建筑空间的连续性和整体性给人以强烈的印象、深刻的记忆和美的享受。

按照参观者在空间中的运动动线，建筑空间序列又可分为两种组织形式：规则的对称序列形式，这种形式能给人以庄严、肃穆和率直的感受；不规则的不对称序列形式，这种形式比较轻松、活泼和富有情趣。

如北京故宫主轴线上外三殿的布局，在空间序列组织上采用的是规则的对称序列形式，带给人庄严、肃穆的感受，符合建筑群体特征的地位。金水桥是这一空间序列的"前奏"；天安门、端门、午门以及其所处的狭长院落构成了形体和空间上的反复"收""放"和相似重复；午门以其三面围合的空间预示着另一"乐章"的开始；新"乐章"开始，金水桥又一次重复"前奏"，但院落空间变大变宽；太和殿在"收"的同时，通过台阶的上和下，预示高潮的到来；进入形体重复但规模扩大的太和殿主院落，太和殿宏伟的体量、高大的台基、开阔的空间，构成这一序列的高潮；中和殿、保和殿及其院落在形体和空间的相似重复中逐渐减弱，接近"尾声"。

再如北京颐和园，其布局是不规则的不对称序列空间形式。颐和园入口位于东端，由一系列四合院组成，是序列的开始；过仁寿殿、出玉澜堂前院来到昆明湖，空间豁然开朗；由此向北至乐寿堂前院，空间收束；往西过邀月门，经过长廊到达排云殿建筑群，登山到达全园的制高点佛香阁，进入全园的高潮；由此返回长廊，向西到万寿山西端；过此至后山，借气氛对比顿觉幽静；再沿后湖至谐趣园，此为空间序列的尾声；最后回到起点仁寿殿。可以看出，这种空间序列组织形式比较轻松、活泼和富有情趣，符合空间特点。

（2）非传统的空间序列组织

在建筑设计中，一个完整的空间序列包含从起始到过渡再到高潮、尾声的全过程。但有时，空间序列的顺序并不按照常规逻辑展开，而是在建筑空间处理过程中强调常规序列中的一部分环节，改变了空间体验历程，提升了空间意义。采用的方法有：插叙、倒叙、并叙、断叙、跳叙等。

① 空间倒叙

本应该稍后出现的空间提前出现了，或者本应该在此地出现的空间被推迟编排到后面。

如某剧场设计，呈现在观众面前的是嵌在入口雨篷上方袒露的阶梯状观众席。按照常规的剧场空间组织方式，观众席应该布置在较为封闭的位置，在进入剧场之后才能看见，但设计师却将这一空间提前，强调了观众对于剧场的重要性。这就是空间倒叙手法，它强调了一种令人惊讶的顺序、非常理的顺序，从而强化了空间，突出了主题。

再如柯里亚设计的巴哈莱特巴哈汶艺术中心，人们先由地面进入一个下沉庭园广场，然后由庭园再进入围绕四周的各博物馆室内空间。而通常的次序是：城市空间到建筑室内空间再到庭园空间，在这里则是从城市空间到庭园空间再到建筑室内空间，将室内文化活动空间与室外文化空间融为一体，为参观者提供超越博物馆中变化无穷的路径可能性。

再如VPRO办公楼，一个大斜坡直接将城市空间引入建筑空间，二层中心的"室内中庭"则直接面向自然空间开口。这个"室内中庭"成了建筑内部各种房间的入口门庭，模糊了更确切地说是否定了城市空间、入口门庭空间、中庭空间之间原有的次序关系，建立了一种新的空间次序，赋予中庭空间新的含义和活力，给予观者一种全新的、有情趣的空间序列体验。

②空间插叙

一个异质性事件场景插入一系列同质性事件场景中，激活原有的空间体系，同时创作出一种情节体验中的偶然性效果。

如住吉的长屋，在室内空间插入一个向天空、向自然开放的室外空间，将光与影、微风、雨露、风声融入日常生活场景，居住者不出大门，也能感知自然的变化、宇宙的轮回。这种内与外、明与暗的关系变化和交替切换，塑造出强烈的场所感和生活感。

再如斯特林设计的斯图加特美术馆，出于对原有城市生活情景的尊重，在建筑空间中设计了公共性开放城市广场，在美术馆常规功能性之外，增添了体现城市活力的部分。

再如室内大台阶，是将街道场景融入建筑室内空间，并组织起内部新型空间结构，容纳各种可能的文化交往活动。

再如Carlo Scarpa的Castelvecchio Museum改造，细致入微地体现了原有建筑空间的细节，红砖、红瓦、各种装饰等，保留了原古老城堡的样貌，只是在保有基础上进行加法，参观者在进入这一空间后不断体验改造带来的惊喜，这样的改造是保留历史性的一种闪回，参观者回想起这里曾经发生的事，增加了空间的趣味感和互动性。特别是空间中雕塑的设计，在参观过程中会两次遇到这个雕塑，第一次是在一层从右侧展厅到左侧展厅的时候，第二次是从左侧展厅上到二层返回右侧展厅的时候。两次相遇，以不同视角从这座雕像旁边经过。在这个既非室外又非室内的灰空间中，参观者与展品产生了互动。

③ 空间并叙

原本应在两个时空出现的场景并置在同一时空中。如自然景观与商业景观并置、乡土场景与都市场景并置、旧与新的并置，以此建立空间序列。

如汉尼斯·迈耶在设计巴塞尔女子学校时，一个巨大的雨篷平台以"令人吃惊"的距离跳入城市空间，并在这个雨篷上安排了一个相当大的室外儿童活动场所，将腾出的地面空间还给城市广场。以雨篷为隔断，两种活动互不干扰的处在同一时空中，观众可同时观看两种场景。

再如瑞典马尔摩大学的重建项目，设计师设计了一个巨大的屋顶，其下容纳了建筑空间以及一个城市广场，目的是同时容纳城市社会生活与大学聚会活动等多种事件，否定大学建筑的固有属性，向城市开放，积极加强与城市的交流。

④ 空间断叙

原本是一个完整的空间，故意切断、拉开，成为两个空间，形成一种张力。

如姬路文学馆，将一个平台走廊从室内空间延伸至室外，将自然景观纳入建筑内部空间。

⑤ 空间跳叙

省略其中的若干场景，形成一种心理描绘。不断切换的异质感空间，如从室内到室外再到室内，从景中到景外再到景中，从光亮处走到暗处再到明处等，建立起一种令人难忘的场所感与秩序感。

在如斯卡帕的城堡博物馆中，在新老建筑"断裂"之处意外地跳出了一个主题雕塑，让人难以忘却。

⑥ 空间漫游

实现开放性、连续性的空间体验，并巧妙地构筑一种漫步式建筑空间。

如古根海姆美术馆，螺旋式的展览路线引导观众进入一种连续的时空序列中，沿着坡道观望和欣赏会产生一种连贯的感受，此设计将运动、时间、空间三者巧妙地融为一体。

再如多米尼克佩罗设计的韩国梨花女子大学大学谷，利用原地形处断裂层形成的峡谷，设计了一条缓坡状的长条路，整条道路景观连续，透过两侧的玻璃窗可看到建筑内部的情景，创造了建筑漫步的感觉。

⑦ 空间写意

通过与自然场景的融合，使建筑空间拥有情景交融的体验感。

如SANAA设计的瑞士洛桑劳士力学习中心，单层流畅的灵动空间创造了放松的气氛。

再如丰岛美术馆，在无缝成型的屋顶上留有孔洞，能看到绿树、飞鸟、蓝天、白云，室内空间与自然有机融合，创造出如梦幻般纯净的空间体验。

第六章 >>>>

基于体验的
课程实践

一、文学与叙事

1. 空间体验与叙事

建筑的功能与空间设计是个亘古不变的话题。从远古时期原始人以穴居、巢居作为基本的庇护之所，到近现代建筑个性化的"栖居"，建筑的演变记录了人类文明的发展历程。然而，无论建筑的形式如何变化，建筑最核心的价值问题永远是其使用性。这种使用性既区别了建筑与其他艺术形式，也强调了建筑与人的关系。建筑的存在满足了人们的实际需要，这种基于功能性的需要可以是物质的（如居住建筑），也可以是精神的（如祭祀建筑）。

随着经济全球化与信息时代的发展，"艺术与日常生活之间的界限消解，高雅文化与大众通俗文化之间的明确分界消失，总体性的风格混杂及戏谑式的符码混合。"① 消费文化影响下的使用者，更热衷于日常生活中的审美体验。这种基于日常生活的体验，是网络虚拟空间无法满

① 【英】迈克·费瑟斯通.消费社会与后现代主义[M].刘精明，译.南京：译林出版社，2000.

足的。

日常生活中的审美体验立足于现实生活。在生活美学的支撑下，人们的生活才会更好。如明末清初文学家李渔在讲到"笋"时说："蔬菜之美者，曰清，曰洁，曰芳馥，曰松脆而已矣。不知其至美所在，能居肉食之上者，只在一字之鲜。"① 在李渔看来，"鲜"字是笋的审美特点，也是作者想要表达的笋在精神层面上作为饮食之物的重要性。由此可以看出，吃本是生理层面的一种本能需要，原始人对食物的需求仅仅是填饱肚子，但随着社会的发展，饮食不仅用来充饥，还包含着人与人之间的交流和沟通，饮食文化从物质文化发展到精神文化、审美文化。

建筑亦然。从遮风避雨的工具转变成功能载体，进而成为人的情感体验媒介。人们通过感官对外界信息进行组织和加工，通过想象和联想在情感中体验建筑空间情与景交融的境界，即建筑空间描绘的艺术形象与主体审美情感交融而形成的艺术氛围，是建筑设计追求的最高境界。建筑空间正是通过各种要素让人们与环境发生对话，引发认同感，

① 【清】李渔.闲情偶寄[M].程洪注，评.南京：江苏凤凰出版社，2016.

进而产生心理上的审美体验。正如林奇所说："一个好的环境形象赋予人类一种重要的情感上的安全感。"[1] 如勒·柯布西耶认为："建筑是一种艺术行为，一种情感现象，在营造问题之外，超乎其之上，营造的目的是把房子造起来，而造建筑是为了感动人。当建筑作品迎合着宇宙节拍时，这就是建筑的时刻，征服人类情感的时刻。"[2] 如朗香教堂的空间设计，材料肌理与自然光营造了神秘的宗教氛围；又如巴拉甘自宅设计，特别的材料和色彩的运用，使自然光下的建筑体量呈现出温暖静谧的情感效果。

通过空间建构，建筑唤起使用者的情感联想，经过大脑的分析整理，获得对建筑空间的整体印象，进而形成使用者对建筑的全部体验。这种印象与体验，可以被生动地表达及记录下来，建筑空间也因此体现出其叙事性特点。

综上所述，建筑空间与人产生关联，建筑成为社会文化情感的体

---

① 【美】凯文·林奇.城市意象[M].方益萍，何晓军，译.北京：华夏出版社，2017.
② 童明.机器建筑——勒·柯布西耶是如何思考建筑的[J].建筑师，2007（6）.

现。这就要求建筑师在设计中，以人的能动性为核心，加入时间因素，利用空间叙事手法，通过空间情节设计、动线设计将不同空间连接起来，串联起人的行为流程，使使用者获得空间整体印象。设计师要在建筑中体现和营造各种生活事件的诗意景象，让使用者在建筑空间里体验场景秩序变化过程，进而引发情感体验。

2. 文学叙事与建筑叙事的相关性

文学与建筑属于不同的艺术表达形式，是人类情感在两个不同领域的呈现，一个是对文字的运用，另一个则是对物质的取舍。如果要说它们的共同之处，那就如王澍所说，文学是诗意建筑的表达基础。文学与建筑的初衷都是对这个世界的认知的表达，而在现代社会商业化、国际化的进程中，两者渐行渐远，看不见的城市建筑也逐渐忘记了初衷，走向另一个空洞的世界。张继的一首《枫桥夜泊》生动地描绘了一个充满知觉体验的场所：将环境中的距离、形象、色彩、音乐融为一体，"姑苏城外"的空间成了一种记忆，通过文学印刻在历史与人们的脑海之中。建筑虽然与文学不同，建筑是以空间、形体、色彩、材料等元素更加直观地引发人们的知觉体验，但它们对共鸣性感受的营造是一致的，有了文学的支撑，建筑可被提升到一个更高的精神境界。总之，建筑叙事就是利用建筑空间讲故事，这个故事要生动有趣，能打动人心。这种目的性和文学叙事不谋而合。

叙事源于文学创作。文学范畴的叙事，是将故事中的诸多要素通过文字以抽象的形式在读者脑中搭建完整的故事场景。读者在时间的维度中跟随作者的创作思路，体验文字所营造的独特阅读体验。叙事源于模仿，"不是照搬生活和对原型的生吞活剥，而是一种经过精心组织的、以表现人物行动为中心的艺术活动。也即'要对适当的人，以适当的程度，在适当的时间，出于适当的理由，以适当的方式做这些事'。"①到20世纪末，叙事的概念延伸到人类文明的各个领域，如认知叙事学、社会叙事学、人工智能等，随后又产生了强调结构和语义之间关系的新叙事学概念。

叙事概念与功能的拓展，使叙事学开始注重跨学科研究，为建筑

---

① 【古希腊】亚里士多德. 诗学[M]. 陈中梅，译注. 北京：商务印书馆，1996.

叙事在方法论上提供了建构意义：用一种文学语言体系转译建筑，用建筑语言来讲述空间故事，构建精神认同感。

建筑的叙事性设计由文学的叙事方法衍生而来，跨学科的探索具有关联性。

在文学叙事的概念中，一个完整的叙事交流过程包含三个要素：叙事者、媒介、接受者。建筑也有叙事三要素。叙事者是建筑设计师，媒介是建筑空间，接受者是使用空间的人。但是，建筑是一种非语言形式艺术，不是用话语、文字的形式展现设计意图，而是通过建筑空间的组织及处理，让使用者"阅读"这部没有"讲"出来的故事作品。

在文学叙事中，所有的情景都是写作者设想并制定出来的，情节的布局与规划决定了情景构思与编排、人物性格塑造是否适当。建筑空间本身并不拥有与文学作品一样的故事情节。作为一种艺术创作，建筑空间设计也需要运用艺术语言和各种表现手段进行艺术加工，使建筑空间成为承载生活事件的载体。

文学创作的叙事方法对建筑创作思想的启示与影响是非常大的。

建筑的叙事方式借鉴了文学的叙事手法，将文学叙事的逻辑顺序和场景刻画的方法运用于建筑设计中，形成理性建构和戏剧空间的关联效果。建筑师犹如一位剧作家，对人们的生活进行安排和计划。当然，设计者要在日常生活的经验基础上，对建筑空间加以创造性想象与虚构，用"精心布置的故事内容"打动使用者，让他们感受到建筑空间的趣味性、戏剧性、冲突性、奇巧性、智慧性。

在建筑空间中为使用者呈现完美的叙事关系并不是一件容易的事。拉斯姆森说："建筑师的剧作任务相当困难。首先，演员都是些普普通通的人，建筑师必须熟悉他们天生的演技。其次，在一种文化环境中可能是很顺理成章的东西如何被嫁接到另一种文化环境中"。

文学叙事是一个相对容易理解的概念，比较具象；将文字叙事手法用于建筑设计体系，为后者提供了更多创造的可能性，丰富了建筑之间组合的可能性。一味追求叙事效果而忽略建筑理性也是不科学的，两者之间需要平衡，在设计中需要注意。

3. 建筑叙事设计的具体途径

依照文学叙事的逻辑顺序和场景刻画方法，转译到建筑叙事设计中，形成理性建构和戏剧空间的关联效果。一般来讲，有"营造合理空间秩序"和"营造光影、材料、细部等"两种途径。

（1）空间秩序

文学叙事的逻辑顺序是各种事件的发生发展顺序；建筑叙事的空间秩序是建筑各个空间场景之间的编排顺序，决定了空间的情节性，如创建"令人惊讶的顺序变化，渐进或突变等情节处理方式，提高空间叙事的趣味性、戏剧性和冲突性"①。

一个空间故事从开端到结尾的展开过程，有不同的秩序组织方式，空间的故事情节会发生改变，使用者会得到不同的精神体验。对空间秩序的处理，可以借助文学叙事手法中顺叙、插叙、倒叙、并叙、断叙、跳叙等写作手法的运用（表6-1），去改变使用者的空间体验历程，提升空间意义。

————————

① 【古希腊】亚里士多德. 诗学. [M]. 陈中梅，译注. 北京：商务印书馆，1996.

"顺叙"是最基本、最常用的叙述方式，是按照事件发生、发展、高潮、尾声的先后顺序进行叙述，内容表达自然顺畅、条理清晰。体现在建筑空间的组织上，则是将各个空间场景串联起来，随着空间不断递进而渐入佳境。

"插叙""倒叙""并叙""断叙""跳叙"等则是对事件某些部分进行突出，强调空间秩序的变化，引发空间的冲突性与戏剧性，实现空间体验的多样化、差异性，提升空间精神意义。如贝聿铭设计的美国国家美术馆东馆，虽然它雕塑般的形体首先吸引了人的注意力，但是当参观者进入空间内部就会发现，通过移动能体验到空间之间相互渗透、彼此交感的精彩编排，感受到一种类似游览中国古典园林的空间体验，体现了"美观的建筑就必须是其内部空间吸引人、令人振奋"[①] 的特点。

---

① 【意】布鲁诺·赛维.建筑空间论——如何品评建筑[M].张似赞，译.北京：中国建筑工业出版社，2006.

表 6-1　空间叙事与文学叙事的关联

方式	文学叙事释义	空间叙事释义
顺叙	按照事件发展的先后顺序进行叙述	A → B → C → D
插叙	暂时中断主线而插入另一些与中心事件有关的内容	A → B → E → D
倒叙	把事件的结局或某一突出的片段提到前面来写，然后再从事件的开头叙述	E → A → B → D
并叙	两个平行事件同时出现在一个事件场景中	A → B/C → D
断叙	将原本一个场景变成两个分场景	A1/A2 → A → B → C
跳叙	在叙事完整事件的过程中省略掉部分内容	A → C → D

（2）光影、材料、细部营造

文学作品中对某一场景或事件的细节描述，对表达主题和塑造人物形象能起到特殊的作用，即于"细微之处见精彩"，"一枝一叶总关情"①。如鲁迅在《孔乙己》中对"长衫"的描写："……穿的虽然是长衫，可是又脏又破，似乎十多年没有补，也没有洗。"这一典型细节，刻画出一个穷困潦倒、迂腐的封建社会知识分子形象。这样的细节描写给人以具体、生动的印象。

建筑亦然，通过具体细致的细节设计，能突出空间的叙事性，令人印象深刻。但是，建筑叙事的媒介不是语言符号，而是以声音、色彩、材料、质感、光影等其他符号表现出来，使用者借助自己的五官来获得场所感。如朗香教堂室内恍如天幕般的光影设计，让使用者产生崇敬之情；再如中国美院民艺馆悬挂的瓦片，带着浓厚的乡土情怀，引发观者的精神共鸣。

---

① 【清】郑燮撰. 郑板桥全集[M]. 扬州：江苏广陵古籍出版社，1997.

4. 课程优秀成果展示与点评

理论需要用实践来检验。学生循序渐进完成了功能复杂、程度不同的两个设计任务，作品充分体现了他们运用文学叙事和建筑空间叙事关联法则的效果。

（1）300平方米的小型校园陈列馆设计

优秀学生作品：静趣（图6-1、图6-2、图6-3）。借助插叙和运用光影空间的手法，使各种不同层次的空间穿插与重叠，强调了空间与自然的关系，并重塑了这种关系。四季更迭，白桦树呈现不同的状态；

图6-1　　　　　　　　图6-2　　　　　　　　图6-3

日升日落，自然光影也随之改变。使用者每次进入空间时都能发现新的内容，形式并不复杂，但内容丰富，可以不断"阅读"出新的东西。自然因素的介入，让原来的空间秩序发生变化，空间内外不停转变，潜移默化地影响使用者的感受。

（2）3000平方米主题精品酒店设计

优秀学生作品：R&B HOTEL（图6-4、图6-5、图6-6）。设计巧妙地利用倒叙的手法，强调空间事件的突变，将酒店的娱乐区设置在空间序列的开端，并利用下沉、空中走廊、室外楼梯等细节设计，让人在

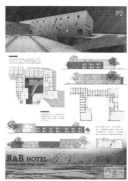

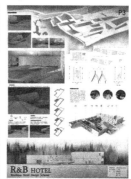

图6-4　　　　　　　图6-5　　　　　　　图6-6

进入常规顺序之前就感受到酒店空间设计的重点，激发使用者的兴趣。按照常规酒店空间组织方式，娱乐区应该布置在客人进入酒店之后才能发现，但该设计却将这一空间提前，强调了酒店的主题性。这就是空间倒叙手法，它强调了一种令人惊讶的顺序、非常理的顺序，从而强化了部分空间，突出了主题。

二、象征主义

1. 运用建筑象征手法的必要性

建筑设计既有科学的严谨性又有艺术的审美性。进行建筑设计的时候，要充分考虑到这两个方面，一方面要满足建筑的使用功能，另一方面要满足建筑的精神审美功能。

建筑首先要满足使用功能，然后运用相关的建筑设计方法，完成具有某种精神与审美价值的建筑作品。从建筑构想到建筑作品的形成，具有可操作性的建筑设计方案有特殊的中介作用，对建筑设计者来说是非常有意义的。运用它能使我们科学严谨地完成建筑设计任务，而建筑设计的方法也是多种多样的。

对于刚刚接触建筑设计的低年级学生来说，通过体验生活、学习设计规范和设计原理等，能够在建筑设计中满足特定建筑的基本功能需求，然而如何为自己的设计找到精神审美上的立足点则是一项艰难的任务。因此，很多学生在迷茫中度过建筑设计课程学习的启蒙阶段。是从难以捉摸的空间入手？还是"借鉴经典的建筑形象"？前者的深奥程度超出了低年级学生的理解力，后者无益于创造性思维的培养。如何使学生找到一种有效的方法为自己的设计找到出发点和依据，从而底气十足地完成设计？这种方法就是建筑象征手法。在这里，象征手法是建筑设计的手段而不是目的，是培养学生设计能力的有效途径。

中小型建筑的体量小，功能相对简单，决定了其体形也比较简单。如果只注重建筑功能而不注重建筑形象和个性，势必形成呆板的、"千篇一律"的建筑形式。因此，在中小型建筑中采用建筑象征手法十分重要。本节内容将对建筑设计基本方法中的象征手法进行分析和应用示例。

2. 建筑象征的方法和手段

(1) 建筑象征手法的概念

人们对建筑的要求不仅有物质层面的，更有精神层面的。而建筑作为由几何线、面、体组成的空间实体，很难以其自身形式表意。如何使抽象的建筑形式表达出丰富的意义，使建筑设计从表层的形式设计进入深层的内涵表达？这就可以借助象征手法，激发人们的联想，启发人们去领悟。

"象征"一词源于希腊文 symballcin，意指"拼拢"。《辞海》中对"象征"的定义为：通过某一特定的具体形象来暗示另一事物或某种较为普遍的意义，利用象征物与被象征物的内容在特定条件下的类似和联系，使后者得到强烈的表现。如绿色是和平的象征、十字架是基督教的象征等。由此可见，象征是超越事物的现象和本质，去表达相关的更加丰富的想象。

给建筑设计赋予一定的象征意义，如同使建筑有了生命，体验者对建筑形象表现出的意义进行特定的领悟和解读，建筑空间即向人传达出一种精神信息，满足了人类对美的不懈追求。著名的悉尼歌剧院就像是一艘正要扬帆起航的巨型帆船，象征着人类对这片土地的开拓及这个国际港湾与世界交流的含义。

自古以来，象征都是建筑最容易被理解的表意方式之一，人们通过建筑表达某种情感或某种信仰，如西方人对上帝的崇拜、中国人对天地自然的崇信等。现当代建筑同样需要利用象征的手法，在建筑设计过程中将传统文化和现代文化有机融合起来，使建筑与周边环境甚至整个地区环境相互适应；利用新的材料、结构、组合方式等使建筑富有打动观众并使其受到一定触动的象征意义。

（2）建筑象征的设计方法

象征方法是建筑创作中的常用构思方法。适用于低年级建筑设计课程的象征手法类型有：表形的象征、表意的象征、表境的象征。

① 表形的象征

通过对某些有形的、具体的、常见的客观实体的描摹，运用建筑平面或立体造型来模仿该实体的形状或表象特征，实现意蕴的表达。表形的象征具有表达简单且直接的特点，明示性强。如弗兰克·盖里设计的望远镜大楼，直接应用具象的望远镜造型作为停车场的入口空间，内部设计成研究室及会议室，"目镜"处正好用于天窗采光；这一建筑设计借用表形的象征手法，表现与被表现的实物拥有极高的相似度，人们可以非常直接及准确地解读建筑形象所具有的内涵。

②表意的象征

通过借用人类文化现象，在建筑中运用比较接近的表现形式，通过建筑空间、结构、造型的转化，表达抽象情感和概念，从而引发对建筑的精神想象。表意的象征具有相对复杂性和暗示性，强调精神的表达。如古埃及金字塔，通过金字塔内部献祭路线及空间设计、金字塔朝拜方向的设计等，反映出古埃及人期望灵魂永生的思想意识，并且借助建筑表意的象征手法，将这些精神内涵表达出来。

③表境的象征

借助一定的设计手法，创造出情景交融、虚实相生、物我同感的境界。建筑空间对所要表达的意境进行一定程度的暗示，人们可以根据自己的感受进一步展开联想。如贝聿铭设计的miho美术馆，以陶渊明的《桃花源记》为该建筑的设计立意，以建筑叙事过程重现文学经典的叙述逻辑，不但使人身临其境地重新体会了典型的中国古代人文景观，还表达了自然与建筑融合的理念。

④ 多种方式的结合

将表形、表意、表境的象征手法不同程度地组合，有利于人们进行开放性的解读，进一步引导人们体验建筑之美。如马岩松设计的梦露大厦，通过角度逆转展现了不同高度下的景观与文化，使人可以自由感受自然和阳光，摆脱城市生活的约束感，是使表形和表意象征高度契合的建筑作品。再如宁波博物馆的设计，是一个独立的人工山体形状，再用内部三处大阶梯分别象征山谷，使用的也是表形、表境结合的象征手法。

（3）建筑象征手法的设计手段

在进行建筑象征设计的过程中，可以借鉴的设计手段有：形体和结构、色彩、空间布局、材料、文化、科技等。

①形体和结构

运用象征手法的建筑形体和结构更多地偏于抽象和几何化。其形体和结构形象较单纯，可以利用聚合或拆离、联系或断裂、起伏或旋转、并立或交错等不同的形体结构表达象征意义。如朗香教堂的形体设计，好像是一位正在顶礼膜拜的虔诚信徒的双手，也像一艘救苦救难的"方舟"，抑或一只和平善良的鸽子等，这些想象正是建筑设计运用象征手法，激发人们的想象并进而体验艺术的魅力。

②色彩

恰当地运用色彩可在建筑中表达情感。如约翰·肯尼迪图书馆的设计，突出的大面积黑色玻璃幕墙镶嵌在全白的建筑表面上，反差分明；黑色与白色，通过组合、叠加形成一种全新的、不可思议的意象；在此，悲情氛围不是依靠高大的姿态表现震撼人心的情感力量，而是依靠整个建筑的色彩获得象征纪念的意义。

③ 空间布局

通过营造建筑空间布局来表达建筑寓意。如卢浮宫的扩建项目，在卢浮宫博物馆的"U"形广场中，设计了一个巨大的玻璃金字塔作为博物馆的入口大厅，保持了新建场馆和老建筑的均衡关系。

④ 材料

材料的不同质地、生产工艺、地理环境等，代表着不同的地域文化和民族特色。如西藏尼洋河边的游客中心的设计，最吸引人的莫过于通过不规则形状切削而得的雕塑感强烈的建筑体块以及用当地矿物质颜料涂刷的色彩缤纷的石墙。厚重的建筑形态呼应了周围环境；红黄蓝的色彩强化了建筑空间的地域特色。这一建筑用当地特有的建筑材料对西藏文化进行重新结构，将历史、人文和景观联结成一体，体现出一种对西藏文化元素以及当地自然风情的尊重。

⑤ 文化

文化的多样化与多元化使每个国家、每个地区的建筑呈现出不同的形态，这些建筑也体现出不同的文化气质，反映人们在不同时代中的文化观念。如绩溪博物馆的设计，对传统徽派建筑进行现代手段的简化和精炼，取徽派之味，现现代之意。整体连续起伏的黑瓦屋顶，简洁通直的白灰墙面，灰瓦构成的漏窗，有规律地布置的三角屋架，钢材玻璃等现代材料的加入，用地内保留原状的树木，多个庭院天井和街巷的布局，建筑体块的夸张变形等，使当地传统与现代感有机地合而为一。

⑥ 科技

随着科技的不断进步，设计师运用越来越多的展示手段，通过信息化技术对想要表达的建筑精神进行模拟，充分地体现了建筑的象征意义。

3. 课程优秀成果展示与点评

理论需要实践来检验。学生通过查阅当地建筑材料、文化等基本资料，结合地块现状完成设计方案，通过构思分析、平面图、立面图、剖面图、总平面图、效果图、节点图等的版面布置。循序渐进地完成了设计任务。学生的设计作品充分体现了他们对建筑象征手法的运用。

（1）优秀学生作品：徙·巢（图6-7、图6-8、图6-9）

借用当地鸟类栖息事件，利用象征手法，在场地中设计出一处与光共舞的玻璃结构，编织出抽象的"鸟巢"形态，为周边忙碌的居民提供一处静默的休憩场所。

（2）优秀学生作品：观沧海（图6-10、图6-11、图6-12）

借用河之浪花翻涌意向，使用象征手法，为建筑赋予连续起伏的屋顶，暗示浪之形态。

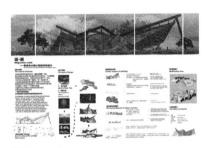

图6-7

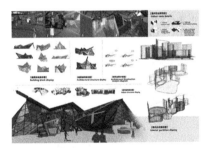

图6-8

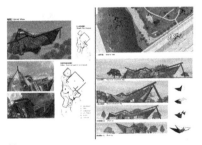

图6-9

（3）优秀学生作品：海潮之声（图6-13、图6-14、图6-15）

借用海螺的形态，用透明的曲面包裹体呈现出优雅的建筑空间。

三、市场转型

河北省邢台市给定地块拟建市场的设计课题，以兼具历史底蕴与发展潜力的邢台市实际环境为基底，新建市场总建筑面积控制在1500平方米左右（总面积上下可浮动

图 6-10

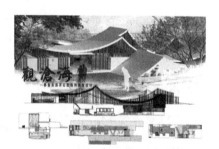

图 6-11

图 6-12

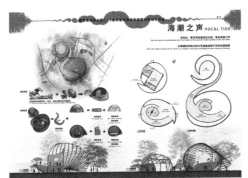

图 6-13

图 6-14

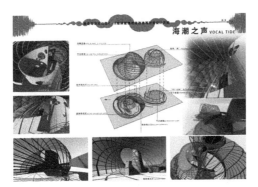

图 6-15

10%，各部分面积分配可依具体情况做适当调整），建筑层数1—2层。新建市场的主要功能区包括售卖区、管理用房区、卫生间、库房、其他等。

传统市场给人的印象多是"半公里以内""鱼腥气""乱糟糟""讨价还价""买菜要趁早，晚了就不新鲜了"等等。在本课题中，要求学生通过实地调研，收集并分析社区居民的日常购买行为与需求数据，建立自下而上的设计思路，推动市场的转型——以公共空间为支点，激发城市活力，满足当地居民的生活需要，体现当地文化精神、并使之成为表达城市时代精神的符号，为日常生活的丰富与生动提供新的视角、新的舞台和新的焦点。

1. 课程目的——市场转型的必要性

传统的市场一般指农贸市场，是一定区域范围内用于销售各类农副产品、经营方式以零售为主的固定场所。早期建设的市场一般是熙熙攘攘、人声鼎沸，呈现出繁荣景象，是普惠大众的民生工程，也是社区活力最高的区域之一。但随着时代发展，城市化进程加快，加上外部市场冲击，很多传统市场已渐渐衰败，不复往日的热闹。然而，作为一种由来已久的中国民间社交属性很强的场所，市场具有超强的生命力和传承价值。

第一，国家明确提出完善市场功能。2016年2月，我国政府发布《中共中央、国务院关于进一步加强城市规划建设管理工作的若干意见》，指出要完善城市公共服务，健全公共服务设施，合理确定公共服务设施的建设标准；加强社区服务场所建设，配套建设市场，打造方便快捷生活圈。市场作为社区重要的服务场所之一，重要性不言而喻。

第二，市场具有传承传统生活方式、传统文化的功能。市场的形成由来已久，在《周易·系辞下》中就有对市场的记载：神农"日中为市，致天下之民，聚天下之货，交易而退，各得其所"，说明我国古代就已形成市场，市场是人类城市文明最古老的现象之一。当今社会，纵然农人沿街叫卖的景象早已不再，但市场的零售终端功能依然承载着日常生活的轨迹，买菜依然是居民日常生活的一部分。这种传统生活方式、传统文化市场形式具有传承价值。

第三，在当代体验经济的影响下，人需要通过满足获得物质需求以外的心理和精神需求，原本单一的、满足基本物质需求的"购买行为"变成当今多元的、满足精神和物质生活双重需求的"体验行为"。受到当代体验经济的影响，使用者不仅看建筑空间够不够用，还讲究建筑空间的品质和环境。随着人口结构的不断差异化和对食物需求的不断多元化，买菜也逐渐演化为一系列更为多样化的体验行为，市场作为解决人类一日三餐问题的食材中心，已不单是一个简单的交易场所，更应营造舒适、便捷、人性化的消费体验空间，加强居民的购买欲。

第四，建筑审美风格从"崇高"美转向"日常"美。在传统建筑观念中，审美欣赏的目标仅为极少数造型精致、如雕塑般的建筑作品，这类建筑在城市中所占比例非常少，和人们的日常生活关系微弱。随着当代社会文化、意识形态、生活方式等的转变，日常生活审美意识得到加强，市场作为和日常生活密切相关的空间类型，更应考虑其为人们带来的生活方式的不同选择、获得幸福的满足感、生存的意义。

第五，市场可以为居民提供邻里交往的公共空间。对于居民而言，市场不仅是一个买菜场所，其与超市、电商相比最大的优势在于建立面对面的买卖关系，将人与食物、人与人之间的交流活动联系起来，为邻里提供交往空间和充满人情味的生活体验，从而促进邻里关系。

综上，市场历史悠久，这种空间形态需要保留。然而在城市化进程中，很多市场都面临衰败。因此本次课题设计不再局限于传统的市场模式，试图对更新的未来市场空间组织方式进行探索和尝试，提升城市的品质和内涵，展现城市更深层次的内在潜能。

2.课程依据——当代市场设计方法

对居民来说，买菜是日常生活的一部分，在日复一日的实践中，如何充分利用其所在社区的买菜空间资源，将买菜融入日常生活的整体行动中，进而构建起个体与社区空间的密切互动关系，形成弹性化的日常生活空间，是未来市场转型的目标。当代市场设计既要保留传统市场的种种特点，也要区别于传统市场。在传统的提供方便快捷的买卖关系的场所中，要引入"文化与传统""消费与体验"等内涵，使其转变为居民集购物、艺术体验、社交、教育等为一体的新型复合化空间。

（1）建立自下而上的设计思路

以市场空间和买菜行为为研究对象，将传统的关注市场功能设施的设计视角转变为以社区和人为中心的视角，从观察日常生活出发，以关注买菜的空间实践、个体行为为出发点。

受到观念、习惯、消费方式等方面影响，每个人心中都有差异化的市场需求，如市中心的老年群体、租房而居的单身青年白领、中年中产家庭，都有各自的买菜路线，创造着不同的生活轨迹。因此，设计者需要自下而上地了解市场空间与需求特征，调研收集社区居民的日常购买行为与需求等，作为市场设计实践的背景研究数据，来确定区域市场的多样化、多层次功能空间。

调研内容分为三部分：第一，社区的区域位置、周边居民的居住状况、人口数量、年龄层次、工作状况、收入水平等；第二，周边生活服务设施类型及分布状况等；第三，通过对买方及卖方的访谈，了解个体需求。

（2）转型市场设计的三种方式

① 美观的造型

随着当代社会消费观念的转变，体验经济盛行，已从过去单纯的物质消费转变为物质精神享受并重。市场是极具人间烟火味的市井之地，想要在日新月异的现代社会立足，首先要在视觉效果上做出质的改变。通过美观的造型提升市场的"颜值"，让传统市场形象"面目一新"，转变为更聚人气的消费场所，满足居民物质与精神的双重需求，不仅能提升市场竞争力，还能吸引更多的年轻消费群体。

改变传统市场的体块单一化造型，利用聚合或拆离、联系或断裂、起伏或旋转、并立或交错等不同形体结构方式打造全新的公共空间形象。如委内瑞拉马拉开波"De Candido"超市设计者搭建了一个不规则的白色屋顶，用"折纸"方式，将屋顶的每一面都折成不同形状，并使其有一定的倾斜角度，特别是正面和侧面的屋顶一直斜切到地面，使超市一半封闭一半开放。这种特别的形体设计具有很强的视觉吸引力，使这家超市成为路边的美好风景。

设计者们不断融入更多的艺术元素，如摊位门头形象化设计，墙面、价格牌、市场导视牌等处的插画设计，主题式场景画的融入等。如鹿特丹拱形大市场的设计，是在其内部拱形天花板上装饰着目前荷兰最大的艺术作品，描绘着色彩绚丽的新鲜蔬果、面包、花卉等，以全新形象示人的市场空间不再只是嘈杂喧闹的场所，而是将城市生活功能与艺术展现融合在一起，营造了某种独特性，处处流露着不可名状的诗意，为城市品牌和形象增添了光彩。

②复合功能

传统单一市场空间只能满足日常生活必要的买与卖等基本功能需求，而现代市场空间则要求同时满足使用者的多种需求、不但适合使用者必要的购买活动，还要能满足不同使用者的多种需求，并能延长使用者在空间停留的时间，从而形成比单一功能更具活力的多元空间，增强空间的趣味性，因应社会的多元化需求。

将多种活动并置于市场空间中，可通过空间形式上的叠加、功能上的互补形成一种有综合功能的空间体量。如荷兰鹿特丹拱形大市场的设计，将"拱形市场＋公寓＋停车场＋艺术品"多种功能融合为一体，市场上方的拱形由228个公寓单元组成，拱顶处是描绘农产品的巨型艺术品，市场内可以容纳上百个零售台，市场下方为能提供1200个车位的四层停车场。这种具有多样功能的市场空间，使使用者的行为也具有多元性和随机性，人们可以在此享受城市一站式生活的多元审美体验。

③ 文化传承

文化的多样化与多元化使每个国家、每个地区的建筑呈现不同的形态。在市场的设计中恰如其分地融入当地的文化特征，将一个民族、一个地区、某个事件的印记表现在市场空间中，必然使其体现出不同的文化气质，反映人们在不同时代中的文化观念。

通过对当地文化符号的提炼、利用地方材料，可以使市场建筑更加具有形式感和地域性。如美国纽约曼哈顿切尔西市场，这个市场所在大楼的前身是纳贝斯克著名的饼干休闲食品公司工厂，改造成市场之后，保留了老建筑的天花板、水井和斑驳的墙壁，人们在市场中采购的同时，还可以一窥当年工厂的情景，无形之中将记忆还原到过去的生存状态中去了。

3. 课程优秀成果展示与点评

（1）调研过程

选择天津市河北区某社区进行实地调研，通过定时、定点、定目标的调查与访谈，收集了一系列生活数据，也发现了一系列市场使用问

图 6-16　周边状况分析

图 6-17　市场情况分析

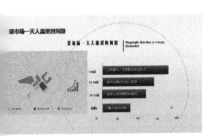

图6-18　市场客流状况分析

图6-19　市场受众人群分析

题，加深了对课题的理解。

周边及市场状况调研数据分析如图6-16、图6-17、图6-18、图6-19所示。

买方及卖方个体需求访谈结果如图6-20、图6-21所示。

（2）优秀成果

理论需要实践来检验。学生通过查阅邢台当地建筑材料、背景文化等基本资料，结合地块现状完成设计方案的构思和调整，并不断完善设计构思和分析、平面图、立面图、剖面

图6-20　买方个体行为调查分析

图6-21　卖方个体行为调查分析

图、总平面图、效果图、节点图等的版面布置。循序渐进地完成了设计任务，设计作品充分体现了他们对此课题的认知及创新。

①学生优秀作品：游园集市（如图6-22）

设计运用复合化功能的手法，打破了传统市场的设计模式，将生态花园、露台、书屋等功能结合在设计中，体现了居民日常行为方式的多样性，为周边居民营建出一处邻里交往的公共空间。

②学生优秀作品：隐·形（如图6-23）

将市场设计成一处大地景观形态，不规则的曲线外形在城市环境中非常具有吸引力，同时曲面屋顶可以供游人步行上下，增强了空间的互动体验性；另外，将停车场与市场功能结合起来，使设计的艺术性和功能性融为一体。

③优秀学生作品：隐·形（如图6-24、图6-25）

对由来已久的"市井"文化进行现代设计衍生，建筑的空间形态利用"井"的变形，同时结合当地特色材料和北方民居的空间布局特征，使市场成为一处拥有文化印记的场所。

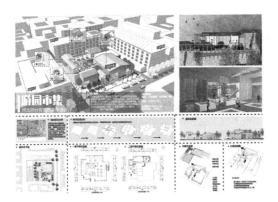

图 6-22　游园集市

图 6-23　隐·形

图 5-24　市井

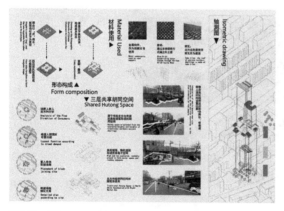

图 5-25　市井